U0137932

湿地中国科普丛书
POPULAR SCIENCE SERIES OF WETLANDS IN CHINA

中国生态学学会科普工作委员会　组织编写

水润草木
湿地植物
Wetland Plants

李振基　主编

中国林业出版社

图书在版编目（CIP）数据

水润草木——湿地植物 / 中国生态学学会科普工作委员会组织编写；李振基主编. -- 北京：中国林业出版社，2022.10
（湿地中国科普丛书）
ISBN 978-7-5219-1906-6

Ⅰ.①水… Ⅱ.①中… ②李… Ⅲ.①沼泽化地—植物—中国—普及读物 Ⅳ.①Q948.52-49

中国版本图书馆CIP数据核字(2022)第185381号

出 版 人：成 吉
总 策 划：成 吉　王佳会
策　　划：杨长峰　肖　静
责任编辑：张衍辉　肖　静
宣传营销：张　东　王思明　李思尧

出版　中国林业出版社（100009　北京市西城区刘海胡同 7 号）
　　　　http://www.forestry.gov.cn/lycb.html　　电话：（010）83143577
印刷　北京雅昌艺术印刷有限公司
版次　2022 年 10 月第 1 版
印次　2022 年 10 月第 1 次
开本　710 毫米 ×1000 毫米　1/16
印张　19
字数　220 千字
定价　68.00 元

未经许可，不得以任何方式复制或抄袭本书的部分或全部内容。

版权所有　侵权必究

湿地中国科普丛书
编辑委员会

总　主　编

闵庆文

副总主编（按姓氏拼音排列）

安树青　蔡庆华　洪兆春　简敏菲　李振基　唐建军　曾江宁

张明祥　张正旺

编　　　委（按姓氏拼音排列）

陈斌（重庆）　陈斌（浙江）　陈佳秋　陈志强　戴年华　韩广轩

贾亦飞　角媛梅　刘某承　孙业红　王绍良　王文娟　王玉玉

文波龙　吴庆明　吴兆录　武海涛　肖克炎　杨　乐　张文广

张振明　赵　晖　赵　中　周文广　庄　琰

编辑工作领导小组

组　　长：成　吉　李凤波

副组长：邵权熙　王佳会

成　　员：杨长峰　肖　静　温　晋　王　远　吴向利

　　　　　李美芬　沈登峰　张　东　张衍辉　许　玮

编辑项目组

组　　长：肖　静　杨长峰

副组长：张衍辉　许　玮　王　远

成　　员：肖基浒　袁丽莉　邹　爱　刘　煜　何游云

　　　　　李　娜　邵晓娟

《水润草木——湿地植物》
编辑委员会

主　　编

李振基

副　主　编

安树青　肖克炎

编　　委（按姓氏拼音排列）

陈　斌	陈炳华	陈佳秋	陈鹭真	丁　鑫	戈萍燕	何旖雯
黄　冠	黄黎晗	黄义强	江凤英	李恩香	李两传	王文卿
吴　双	夏　雯	姚雅沁	叶　文	张继英	张　帅	

摄影作者（按姓氏拼音排列）

陈　斌	陈炳华	陈鹭真	黄黎晗	惠　莒	江凤英	李恩香
李两传	李振基	刘　波	刘　毅	吕　静	邱广龙	王文卿
王小龙	吴　双	叶　文	张淑梅	郑宝江		

序言

　　湿地是重要的自然资源，更具有重要生态系统服务功能，被誉为"地球之肾"和"天然物种基因库"。其生态系统服务功能至少包括这样几个方面：涵养水源调节径流、降解污染净化水质、保护生物多样性、提供生态物质产品、传承湿地生态文化。同时，湿地土壤和泥炭还是陆地上重要的有机碳库，在稳定全球气候变化中具有重要意义。因此，健康的湿地生态系统，是国家生态安全体系的重要组成部分，也是实现经济与社会可持续发展的重要基础。

　　我国地域辽阔、地貌复杂、气候多样，为各种生态系统的形成和发展创造了有利的条件。2021年8月自然资源部公布的第三次全国国土调查主要数据成果显示，我国各类湿地（包括湿地地类、水田、盐田、水域）总面积8606.07万公顷。按照《关于特别是作为水禽栖息地的国际重要湿地公约》（简称《湿地公约》）对湿地类型的划分，31类天然湿地和9类人工湿地在我国均有分布。

　　我国政府高度重视湿地的保护与合理利用。自1992年加入《湿地公约》以来，我国一直将湿地保护与合理利用作为可持续发展总目标下的优先行动之一，与其他缔约国共同推动了湿地保护。仅在"十三五"期间，我国就累计安排中央投资98.7亿元，实施湿地生态效益补偿补助、退耕还湿、湿地保护与恢复补助项目2000余个，修复退化湿地面积700多万亩[①]，新增湿地面积300多万亩，2021年又新增和修复湿地109万亩。截至目前，我国有64处湿地被列入《国际重要湿地名录》，先后发布国家重要湿地29处、省级重要湿地1001处，建立了湿地自然保护区602处、湿地公园1600余处，还有13座城市获得"国际湿地城市"称号。重要湿地和湿地公园已成为人民群众共享的绿色空间，重要湿地保护和湿地公园建设已成为"绿水青山就是金

---

① 1亩 =1/15公顷。以下同。

山银山"理念的生动实践。2022年6月1日起正式实施的《中华人民共和国湿地保护法》意味着我国湿地保护工作全面进入法治化轨道。

要落实好习近平总书记关于"湿地开发要以生态保护为主，原生态是旅游的资本，发展旅游不能以牺牲环境为代价，要让湿地公园成为人民群众共享的绿意空间"的指示精神，需要全社会的共同努力，加强湿地科普宣传无疑是其中一项重要工作。

非常高兴地看到，在《湿地公约》第十四届缔约方大会（COP14）召开之际，中国林业出版社策划、中国生态学学会科普工作委员会组织编写了"湿地中国科普丛书"。这套丛书内容丰富，既包括沼泽、滨海、湖泊、河流等各类天然湿地，也包括城市与农业等人工湿地；既有湿地植物和湿地鸟类这些人们较为关注的湿地生物，也有湿地自然教育这种充分发挥湿地社会功能的内容；既以科学原理和科学事实为基础保障科学性，又重视图文并茂与典型案例增强可读性。

相信本套丛书的出版，可以让更多人了解、关注我们身边的湿地，爱上我们身边的湿地，并因爱而行动，共同参与到湿地生态保护的行动中，实现人与自然的和谐共生。

中国工程院院士

中国生态学学会原理事长

2022年10月14日

《水润草木——湿地植物》一书以图文并茂的形式，向广大读者介绍了从中国各类湿地与湿生生境中精心挑选出来的具有代表性的湿地植物。

湿地植物是生长于湿地中的植物，包括水生植物，但不局限于水生植物，还包括陆生植物中的湿生植物。大部分湿地植物的生境为常年稳定的水体，也有些生境是季节性干旱的。湿地植物具有独特的形态特征。湿地植物到处都有，但大众未必熟悉，所以本书特意介绍了到哪里去看湿地植物。湿地植物可以给白鹤、梅花鹿、大鲵、虎纹蛙、萤火虫等野生动物提供栖息地与食物，湿地植物与人类的关系体现在提供粮食、蔬菜、药材以及净化水体、营造景观等方面。

本书根据湿地植物的生境，分别介绍了生长于湖泊、河流、水田、沼泽、海岸带中的水生植物和陆地中的湿生植物。本书选择了鄱阳湖、洞庭湖、洪泽湖、泸沽湖等湖泊中广为分布的芦苇、南荻、蓼子草、海菜花、水毛茛等植物作为在湖泊湿地分布的代表，长江、黄河、珠江、淮河、闽江、钱塘江、汀江、邕江等流域中不同河段分布的金钱蒲、川苔草、枫杨、眼子菜、苦草、隐棒花等植物作为在河流湿地分布的代表，各地水田和池塘生境中野生的与人工种植的莲、慈姑、芡、茭、蕨、满江红等为在人工湿地分布的代表，三江源、若尔盖、三江平原、大九湖、东海洋等沼泽生境中的野生稻、泽泻、睡莲、杉叶藻、乌拉草、荆三棱、灯心草、水松、水杉、江南桤木、泥炭藓等为在沼泽湿地分布的代表，以及清澜港、东寨港、漳江口、淡水河口、胶州湾等地的红树、秋茄树、玉蕊、海滨木槿、短叶茳芏、碱蓬、喜盐草、海带、紫菜等为海岸带湿地的代表加以介绍。湿生植物的分布范围很广，其普遍要求生境较为阴湿，一般为河岸边，或生长季节中有丰富的水源补充的崖壁生境等，本书选择了芋、凤仙花、秋海棠、鸭跖草、柳兰等作为湿生植物的代表加以介绍。随着湿地生态恢复、城市湿地景观营造、农村污水处理、庭院水景营造等需求的增加，本书选择了皇冠草、无尾水筛、金鱼藻、狐尾藻、三棱水葱、纸莎草等可以应用于这些项目的湿地植物加以介绍。另外，外来物种入侵同样是湿地的问题之一。一些物种引入之后泛滥成灾、淤塞河道，影响本土植物生长，不利于野生动物栖息等，本书选择互花米草、凤眼莲、喜旱莲子草、大藻、无瓣海桑等进行了介绍。

本书中，笔者从植物与昆虫的协同进化、生态应用或文化历史等方面对这些湿地植物和湿生植物加以介绍，同时也介绍了一些同属的植物，并附以全景照片或特写照片。在编写过程中承蒙林秦文、刘基男、赵铁柱、陈竹等大力支持，在此深表感谢！

由于笔者水平有限，对全国各地分布的湿地植物把握不够全面，资料搜集和发掘不够，错误在所难免。敬请读者批评指正。

本书编辑委员会

2022 年 5 月

目录

序言

前言

　　湿地自古有之，江河湖海及沼泽、水田都是湿地，其生境中或常年有水，或季节性积水，分河流、湖泊、滨海、沼泽、人工湿地五大类。湿地植物是指天然生长在湿地区域的高等植物与藻类植物，长期适应水生生境，包括漂浮植物、浮叶植物、沉水植物、挺水植物，也包括在陆地生境生长的湿生植物。湿地植物为野生动物提供了食物，提供了栖息、繁殖、越冬场所，也为人类的生产、生活提供了多种资源。

湿地与湿地植物

水润草木——湿地植物

　　湿地是指天然的或人工的、永久的或暂时的沼泽地、泥炭地和水域地带，带有静止或流动的淡水、半咸水及咸水水体，以及低潮时水深不超过6米的海域。

　　湿地自古有之，在舜之时，已经开始治水；大禹、伯益足迹遍布我国大江南北；《山海经》中已经提到了各种类型的江河湖海，如江（长江）、河（黄河）、汉水、洛水、渭水、赤水、澧水、灌水、庐江、赣水、彭泽（鄱阳湖）、湘水、沅水、洞庭（洞庭湖）、浙江（钱塘江）、泑泽、丹水、淮水、汾水、漳水、渤海、东海、南海等。

　　在《山海经》西山经的西次三经和其他部分，多次出现了"泽"，如"北望诸蟞之山，临彼岳崇之山，东望泑泽，河水所潜也，其原浑浑泡泡。""泽"在这里当指为黄河源头的星宿海。海内东经中有"庐江出三天子都，入江彭泽西"一句。这里当指饶河入鄱阳湖。"湘水出舜葬东南陬，西环之，入洞庭下"，这里当指湘江入洞庭湖。

　　后来郦道元的《水经注》进一步对水进行了注解，其中对赣江考证的文字有"赣水出豫章南野县西，北过赣县东，《山海经》曰：赣水出聂都山，东北流注于江，入彭泽西也。"豫章水导源东北流，径南野县北。赣川石阻，水急行难。倾波委注，六十余里，又北径赣县东，县即南康郡治，晋太康五年分庐江立。豫章水右会湖汉水，水出雩都县，导源西北流，径金鸡石，其石孤竦临川，耆老云：时见金鸡出于石上，故石取名焉。湖汉水又西北径赣县东，西入豫章水也。"

所以，在古代，江、河、泽、水、湖，还有田都指湿地，部分海域也指今天的湿地。

在今天，湿地基本分河流、湖泊、滨海、沼泽和人工水面五大类。

按《关于特别是作为水禽栖息地的国际重要湿地公约》（简称《湿地公约》）分类，湿地粗分为天然湿地和人工湿地。天然湿地分近海与海岸湿地和内陆湿地。其中，近海与海岸湿地包括永久性浅海水域、海草层、珊瑚礁、岩石性海岸、沙滩、砾石与卵石滩、河口水域、滩涂、盐沼、潮间带森林湿地、咸水与碱水潟湖、海岸淡水湖、海滨岩溶洞穴水系。内陆湿地包括永久性内陆三角洲、永久性的河流、时令河、湖泊、时令湖、盐湖、时令盐湖、内陆盐沼、时令碱水与咸水盐沼、永久性的淡水草本沼泽与泡沼、泛滥地、草本泥炭地、高山湿地、苔原湿地、灌丛湿地、淡水森林沼泽、森林泥炭地、淡水泉及绿洲、地热湿地、内陆岩溶洞穴水系。

人工湿地包括水产池塘、水塘、灌溉地、农用泛洪湿地、盐田、蓄水区、采掘区、废水处理场所、运河与排水渠、地下输水系统。

本书中涉及的湿地植物都在这些湿地中生存，以天然湿地尤其是内陆湿地中出现的水生植物为主。

（执笔人：李振基、丁鑫）

湿地植物与水生和陆生植物的关系

　　湿地植物是指天然生长在湿地区域的高等植物与藻类植物。中国湿地植物种类极为丰富，按梁士楚的统计，我国的湿地维管束植物就有6328种（含亚种和变种）之多。在笔者撰写本书之时，仍然发现不少湿地维管束植物不在这本名录中。中国的藻类植物还有8000～9000种，苔藓植物约3000种，基本上可以说是湿生植物。

　　谈及湿地植物时，一些概念容易混淆，尤其是湿地植物与湿生植物。

　　一般情况下，根据不同植物与水分的关系，可以把生活在不同水分条件下所形成的具有不同生态习性的植物划分为不同的生态类型。地球上的植物可以分为陆生植物与水生植物两大类。

　　陆地上生长的植物统称为"陆生植物"，陆生植物包括旱生植物、中生植物和湿生植物三大类型。其中，湿生植物指在土壤水分饱和而呈现潮湿的环境中生长的植物，如紫云英（*Astragalus sinicus*）、秋海棠（*Begonia grandis*）、凤仙花（*Impatiens balsamina*）、稻（*Oryza sativa*）、香蕉（*Musa nana*）等。

福建峨嵋峰国家级自然保护区中山沼泽湿地植物的空间格局（李振基/摄）

湿地植物包括水生植物和陆生植物中的湿生植物，如图所示。

水生植物　　　　　　　陆生植物

沉水植物　漂浮植物　浮叶植物　挺水植物　湿生植物　中生植物　旱生植物

湿地植物

水生植物、湿生植物与湿地植物的关系

湿地植物在湿地生境的演替过程中，经历了中生植物—湿生植物—挺水植物—浮水植物—浮叶植物—沉水植物的演替过程。这些湿地植物在生态环境中相互竞争、相互依存，构成了多姿多彩、类型丰富的湿地植物王国。按照生长特征和形态特征，湿地植物可分为5类。

1.漂浮植物。漂浮植物的叶全部漂浮在水面上，根悬垂在水中，不与土壤发生直接的关系。它们无固定的生长地点，随风浪、水流过着漂泊的生活，如满江红（*Azolla pinnata* subsp. *asiatica*）、浮萍（*Lemna minor*）、槐叶苹（*Salvinia natans*）、凤眼莲（*Eichhornia crassipes*）、大薸（*Pistia stratiotes*）等。它们都有漂浮的特化器官，以适应漂泊的生活。它们不喜欢溪流瀑布的生境，常常把池塘、湖湾和水稻田等作为自己的家。

2.浮叶植物。浮叶植物的叶浮在水面上，但是它们的根牢牢扎在水下的土壤里，如睡莲（*Nymphaea tetragona*）、王莲（*Victoria amazonica*）、萍蓬草（*Nuphar pumila*）、芡（*Euryale ferox*）、莼菜（*Brasenia schreberi*）、菱（*Trapa natans*）等。

3.沉水植物。这一类植物除它们的花序在开花传粉时伸出水面之外，全部植物体都沉没于水中，营固定直立生活。如苦草（*Vallisneria natans*）、黑藻（*Hydrilla verticillata*）、狐尾藻（*Myriophyllum verticillatum*）、穿叶眼子菜（*Potamogeton perfoliatus*）、海菜花（*Ottelia acuminata*）、金鱼藻（*Ceratophyllum demersum*）、水筛（*Blyxa japonica*）、水毛茛（*Batrachium bungei*）等都是典型的沉水植物。它们的繁殖方式多数为无性繁殖；地下茎和冬芽，甚至植物体的碎片都是繁殖器官。因此，水生植物的繁殖能力比陆生植物高，生产力也高。

4.挺水植物。这类植物的根部固定生长在水底泥土中。整个植物体分别处于土壤、水体和空气三种不同的环境里，茎叶等下半部分浸没在水中，上半部分则暴露于空气中。这是水生植物界最复杂的一类，也是陆生植物向水生植物发展演变的先驱。典型代表是芦苇（*Phragmites australis*）、水烛（*Typha angustifolia*）、千屈菜（*Lythrum salicaria*）、菖蒲（*Acorus calamus*）、莲（*Nelumbo nucifera*）、野芋（*Colocasia antiquorum*）、水葱（*Schoenoplectus tabernaemontani*）等。

5.湿生植物。湿生植物繁多，如管茎凤仙花（*Impatiens tubulosa*）、鸭跖草（*Commelina communis*）、中华秋海棠（*Begonia grandis* subsp. *sinensis*）、金钱蒲（*Acorus gramineus*）、水八角（*Gratiola griffithii*）、水虎尾（*Pogostemon stellatus*）、芦竹（*Arundo donax*）等。

（执笔人：肖克炎、李振基）

湿地植物的进化适应

　　湿地植物中的水生植物生长在水中，湿生植物对水分的需求大。尤其是水生植物要适应光照弱、缺氧、密度大、黏性高、温度变化平缓以及溶解各种无机盐类的水环境。

　　在湖泊生境中，水体流动平缓，植物趋同适应。很多植物的叶片变圆，体内存在大量通气组织以增加体积，减轻重量，叶面上还有很多细微的毛或凸起，以增加在水面上的浮力，让叶片可以平躺在水面上，如莲、睡

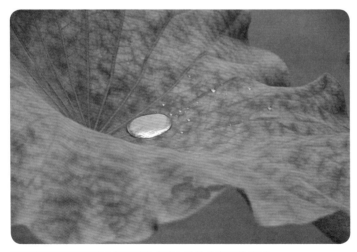

莲叶表面具有细微的凸起以避免水渗入叶片（李振基/摄）

莲、王莲、芡、莼菜、蘋（*Marsilea quadrifolia*）、浮萍、紫萍（*Spirodela polyrrhiza*）等。凤眼莲和水鳖（*Hydrocharis dubia*）则叶柄膨大，在里面形成气囊，增加浮力。大薸的叶片具有疏水结构，其根系则具有亲水性，让大薸可以稳定地漂浮在水面上。即便外来的扰动让大薸被压入水中，大薸也能够快速浮起并让叶面朝上，其叶面的凹槽与角度能让水流走，确保叶片进行光合作用。

　　在流水生境中，为了适应流动，或适应水的波动，植物的叶片变成条形或丝状，如篦齿眼子菜（*Stuckenia pectinata*）、小眼子菜（*Potamogeton pusillus*）、金鱼藻、狐尾藻等。甚至有些湿地植物产生异形叶，水上叶片呈圆形或者阔叶，水下叶片呈条形或丝状，如石龙尾（*Limnophila sessiliflora*）、鸡冠眼子菜（*Potamogeton cristatus*）、圆叶节节菜（*Ratala rotundifolia*）等。

　　为了适应缺氧，许多湿地植物具有根、茎、叶相互联结的通气组织系统。例如莲，从叶片气孔进入的空气能通过叶柄、茎的通气组织，而进入其地下茎和根部的气室，形成了一个完整的开放型的通气组织，以保证满足地下各器官、组织对氧气（O_2）和二氧化碳（CO_2）的需要。而狐尾藻等沉水植物和很多红树植物的根部都有封闭式的通气组织系统，这个系统不和植物体外的大气直接相通，可贮存由其呼吸作用而释放出来的CO_2以进行光合作用，同时也可贮存由其光合作用而释放出来的氧用于呼吸。

　　由于水环境中光线不足，水生植物和湿生植物都有大的深绿色的叶绿体，叶片细而薄。一些沉水植物没有表面的蜡质层，没有气孔和绒毛，因此没有蒸腾作用，光合、呼吸和吸收作用都在整棵植物的表面进行。由于叶片和植株能够直接吸收水体中的营养物质，其植物根系非常不发达。另外，由于不需要强盛的吸水及输导组织，因此其维管束不发达，许多湿地植物的叶肉没有栅栏组织和海绵组织的分化，均由薄壁细胞所构成，导致湿地植物的茎叶非常柔弱。

（执笔人：肖克炎、李振基）

　　湿地植物遍布各地，但对于一般人来说，不容易马上看到那么多种类，这跟人类把湿地开发改造成水田或建设用地等有关。

　　蘋、满江红、浮萍、紫萍、品萍（*Lemna trisulca*）、芦苇、水烛、睡莲、眼子菜（*Potamogeton distinctus*）、菹草（*Potamogeton crispus*）、竹叶眼子菜（*Potamogeton wrightii*）、小眼子菜、苦草、水葱、菰（*Zizania latifolia*）、莲、金鱼藻、荇菜（*Nymphoides peltata*）、碱蓬（*Suaeda glauca*）、狐尾藻、穗状狐尾藻（*Myriophyllum spicatum*）、莼菜、黑藻、泽泻（*Alisma plantago-aquatica*）、灯心草（*Juncus effusus*）、黄花狸藻（*Utricularia aurea*）、水苦荬（*Veronica undulata*）、水马齿（*Callitriche palustris*）等植物是广布种，以芦苇为例，在福建、广东、江苏沿海的盐沼生境都可以看到，在重庆金佛山麓的溪边，在新疆的沙漠湿地中都有分布。水烛也很常见，在北京的玉泉山，在厦门海沧的马銮湾，在江西上饶附近的池塘，在浙江宁波镇海，在内蒙古赤峰的河畔都有分布。

福建汀江源国家级自然保护区内的湿地植物（李振基/摄）

莼菜虽然分布很广，北至三江平原，南至腾冲北海，东至浙江杭州都有分布，但是野外已濒临灭绝，难得一见。

有些地方的湿地植物特别丰富，如在东北三江平原的调查中就可以发现芦苇、香蒲（*Typha orientalis*）、菰、莲、泽泻、水蓼（*Persicaria hydropiper*）、黑藻、光叶眼子菜（*Potamogeton lucens*）、水毛茛、水鳖、荇菜、槐叶苹、菱、睡莲、睡菜（*Menyanthes trifoliata*）、水芋（*Calla palustris*）等几十个种类。福建泰宁峨嵋峰的东海洋湿地中有大面积的江南桤木（*Alnus trabeculosa*）形成的森林沼泽，在沼泽中不同区域可以看到睡莲、东方水韭（*Isoetes orientalis*）、三棱水葱（*Schoenoplectus triqueter*）、曲轴黑三棱（*Sparganium fallax*）、灯心草、野慈姑（*Sagittaria trifolia*)、谷精草（ *Eriocaulon buergerianum* ）等种类。到海南清澜港，可以轻易看到海桑（ *Sonneratia caseolaris* ）、杯萼海桑（ *Sonneratia alba* ）、木榄（ *Bruguiera gymnorhiza* ）、角果木（ *Ceriops tagal* ）、榄李（ *Lumnitzera racemosa* ）、红树（ *Rhizophora apiculata* ）、水椰（ *Nypa fruticans* ）等种类；在四川王朗的路边林下，可以轻易看到扭盔马先蒿（ *Pedicularis davidii* ）、尼泊尔沟酸浆（ *Erythranthe nepalensis* ）、甘青老鹳草（ *Geranium pylzowianum* ）、莛子藨（ *Triosteum pinnatifidum* ）、无距耧斗菜（ *Aquilegia ecalcarata* ）、草玉梅（ *Anemone rivularis* ）、鳞叶龙胆（ *Gentiana squarrosa* ）、珠芽蓼（ *Bistorta vivipara* ）等湿生植物。

　　有些湿地植物可遇不可求，如2003年在福建建宁金铙山麓的一个小池塘中，有人见到了野生的萍蓬草，后面在其他地方只见到过栽培的萍蓬草。三白草（ *Saururus chinensis* ）是常见的一种沼生植物，虽然有人在江西婺源，福建建宁、厦门、武夷山都曾经见到过，但它不是那么容易遇到。有些湿地植物濒临灭绝，难现踪迹，如中华水韭（ *Isoetcs sinensis* ）、貉藻（ *Aldrovanda vesiculosa* ）、长喙毛茛泽泻（ *Ranalisma rostrata* ）等，国家已颁布法律加以保护，仅在专业性的植物园才可能看到。

　　如果要看红树这种植物，宜到海南清澜港、东寨港，广西合浦，广东湛江，福建漳江口去看，以海南清澜港的种类最多，到福建漳江口就只有木榄、海榄雌（ *Avicennia marina* ）、秋茄树（ *Kandelia obovata* ）、蜡烛果（*Aegiceras corniculatum*）几种了。

如果要看各种海藻，宜到浙江南麂列岛。在这里，你可以发现黑叶马尾藻（*Sargassum nigrifolioides*）、头状马尾藻（*Sargassum capitatum*）、浙江褐茸藻（*Giffordia zhejiangensis*）、铁钉菜（*Ishige okamurae*）、鼠尾藻（*Sargassum thunbergii*）、珊瑚藻（*Corallina officinalis*）、叉枝藻（*Gymnoganyrus flablliformis*）、粗珊藻（*Calliarthron tuberculosum*）、中间软刺藻（*Chondracanthus intermedius*）、辐叶藻（*Petalonia fascia*）等。

海草属于独特的生态系统，生活在沿海没有污染的沙质或泥质潮下带，有喜盐草（*Halophila ovalis*）、小喜盐草（*Halophila minor*）、川蔓藻（*Ruppia maritima*）、泰来藻（*Thalassia hemprichii*）、二药藻（*Halodule uninervis*）、羽叶二药藻（*Halodule pinifolia*）、针叶藻（*Syringodium isoetifolium*）、大叶藻（*Zostera marina*）等，要到海南三亚湾、广东雷州半岛西海岸、辽宁老铁山、天津滨海新区、福建厦门西海域、香港大屿山等海域才能看到。

在我国东部的江苏盐城、山东黄河口、上海崇明东滩等一些湿地中，还可以看到荻（*Miscanthus sacchariflorus*）、盐地碱蓬（*Suaeda salsa*）、无刺鳞水蜈蚣（*Kyllinga brevifolia* var. *leiolepis*）、绵毛酸模叶蓼（*Persicaria lapathifolia* var. *salicifolia*）、圆基长鬃蓼（*Persicaria longiseta* var. *rotundata*）、盐角草（*Salicornia europaea*）、多枝柽柳（*Tamarix ramosissima*）、沼生蔊菜（*Rorippa palustris*）、补血草（*Limonium sinense*）、海州蒿（*Artemisia fauriei*）、扁秆荆三棱（*Bolboschoenus planiculmis*）、枫杨（*Pterocarya stenoptera*）等。

到我国中部鄱阳湖、洞庭湖、草海、洪湖、太平湖、巢湖等湿地中可以看到灰化薹草（*Carex cinerascens*）、庐山藨草（*Scirpus lushanensis*）、百球藨草（*Scirpus rosthornii*）、皱叶酸模（*Rumex crispus*）、狐尾藻、茶菱（*Trapella sinensis*）、微齿眼子菜（*Potamogeton maackianus*）、光叶眼子菜、小茨藻（*Najas minor*）、矮慈姑（*Sagittaria pygmaea*）、水鳖、荻、江南桤木、龙舌草（*Ottelia alismoides*）、水筛、刺苦草（*Vallisneria spinulosa*）、

粗梗水蕨（*Ceratopteris chingii*）、睡菜、笔管草（*Equisetum ramosissimum* subsp. *debile*）、两栖蓼（*Persicaria amphibia*）、圆基长鬃蓼、海菜花等。

到黑龙江扎龙、太阳岛，吉林园池等湿地中可以看到叉钱苔（*Riccia fluitans*）、浮苔（*Ricciocarpos natans*）、镰刀藓（*Drepanocladus aduncus*）、阔叶泥炭藓（*Sphagnum platyphyllum*）、问荆（*Equisetum arvense*）、黄花落叶松（*Larix olgensis*）、小慈姑（*Sagittaria potamogetonifolia*）、穿叶眼子菜、稀脉浮萍（*Lemna aequinoctialis*）、具芒碎米莎草（*Cyperus microiria*）、头状穗莎草（*Cyperus glomeratus*）、瘤囊薹草（*Carex schmidtii*）、乌拉草（*Carex meyeriana*）、柳叶刺蓼（*Persicaria bungeana*）、小白花地榆（*Sanguisorba tenuifolia* var. *alba*）、笃斯越橘（*Vaccinium uliginosum*）、舞鹤草（*Maianthemum bifolium*）、泽芹（*Sium suave*）、金银莲花（*Nymphoides indica*）等。

在我国青藏高原的青海三江源国家公园，四川若尔盖、南莫且等一些湿地中可以看到毛果薹草（*Carex miyabei* var. *maopengonsis*）、胀囊薹草（*Carex vesicaria*）、木里薹草（*Carex muliensis*）、丝叶眼子菜（*Stuckenia filiformis*）、尖叶眼子菜（*Potamogeton oxyphyllus*）、西藏嵩草（*Carex tibetikobresia*）、矮生嵩草（*Carex alatauensis*）、大花嵩草（*Carex nudicarpa*）、囊状嵩草（*Carex bonatiana*）、甘肃嵩草（*Carex pseuduncinoides*）、高山嵩草（*Carex parvula*）、膨囊嵩草（*Carex peichuniana*）、钩状嵩

草（*Carex uncinioides*）、硬叶水毛茛（*Batrachium foeniculaceum*）、洮河柳（*Salix taoensis*）、发草（*Deschampsia cespitosa*）、水生酸模（*Rumex aquaticus*）、沼生柳叶菜（*Epilobium palustre*）、湿生扁蕾（*Gentianopsis paludosa*）、海韭菜（*Triglochin maritima*）、肉果草（*Lancea tibetica*）、西伯利亚蓼（*Knorringia sibirica*）、矮泽芹（*Chamaesium paradoxum*）、有尾水筛（*Blyxa echinosperma*）、细莞（*Isolepis setacea*）、透明鳞荸荠（*Eleocharis pellucida*）、卵穗荸荠（*Eleocharis ovata*）、长柱柳叶菜（*Epilobium blinii*）、矮地榆（*Sanguisorba filiformis*）、匍生沟酸浆（*Erythranthe bodinieri*）、葱状灯心草（*Juncus allioides*）等。

有些种类分布在我国西北，如草泽泻（*Alisma gramineum*）、小泽泻（*Alisma nanum*）、光叶眼子菜、阿尔泰薹草（*Carex altaica*）、灰株薹草（*Carex rostrata*）、异穗薹草（*Carex heterostachya*）、圆囊薹草（*Carex orbicularis*）、高山嵩草、禾叶嵩草（*Carex hughii*）、沼泽荸荠（*Eleocharis palustris*）、扁秆荆三棱、黑三棱（*Sparganium stoloniferum*）、花蔺（*Butomus umbellatus*）、雪白睡莲（*Nymphaea candida*）、萍蓬草、水毛茛、两栖蓼、水麦冬（*Triglochin palustris*）、海韭菜、千屈菜、互叶獐牙菜（*Swertia obtusa*），宜到新疆博斯腾湖、巴音布鲁克、可可托海、赛里木湖、额尔齐斯河等湿地考察。

（执笔人：肖克炎、李振基）

湿地植物种类繁多，从陆生逐渐过渡到沉水，作为湿地生态系统中的生产者，为野生动物提供了良好的栖息、繁殖、迁徙、越冬场所，也为野生动物提供了食物。

以白鹤为例，其在繁殖地为杂食性，食物包括湿地植物的根、地下茎、芽、种子、浆果以及动物等。当有雪覆盖植物性食物而难以得到时，主要以旅鼠等动物为

栖息在福建漳江口红树林中的鹭科鸟类（李振基/摄）

食；当5月中旬气温低于0℃时，白鹤主要吃大果越橘（*Vaccinium macrocarpon*）；当湿地化冻后，它们吃芦苇块茎、蜻蜓稚虫和小鱼；在营巢季节主要吃植物，有兴安藜芦（*Veratrum dahuricum*）的根、东北岩高兰（*Empetrum nigrum* subsp. *asiaticum*）的种子、木贼（*Equisetum hyemale*）的芽和花蔺的根、茎等。在南迁途中，白鹤在内蒙古大兴安岭林区的苔原沼泽地觅食水麦冬、泽泻、黑三棱等植物的嫩根及蛙类、鱼等。在越冬地鄱阳湖，主要挖掘水下泥中的苦草、竹叶眼子菜、荆三棱（*Bolboschoenus yagara*）、水蓼等水生植物的地下茎和根为食，约占其总食量的90%以上，其次也吃少量底栖动物、鱼类和沙砾。

以河流中的鱼类为例，斑鱯主要栖息于长江流域以南地区的江河、湖塘或沟渠中的泥底草丛中；鳜鱼主要栖息于长江流域以南的清澈、透明度较好、有微流水的生境中；刺鲃则以水生昆虫、有机碎屑、被子植物种子等为食料；草鱼成年后主要以苦草、黑藻、小茨藻、眼子菜、浮萍等为食。

在沿海，红树林作为河口海区生态系统初级生产者，支撑着广阔的陆域和海域生命系统，为海区和海陆交界带的生物提供食物来源，成为许多生物的栖息地、繁殖地、索饵场、越冬场和幼苗库，在维持生物多样性方面具有重要的意义。依赖红树林的消费者有浮游动物、底栖动物、游泳动物、昆虫、蜘蛛、两栖类、爬行类、鸟类和兽类等。其中，鸟类包含水鸟和非水鸟，水鸟有潜鸟、䴙䴘、鹈鹕、军舰鸟、鸬鹚、雁类、鸥类、鹭类、鸻鹬类和秧鸡类等。非水鸟在红树林鸟类群落中也具有较大的比例，可分为攀禽、猛禽、陆禽和鸣禽。我国红树林区的雀形目鸟类特别丰富。

海草床是浅海水域食物网的重要组成部分，直接食用海草的生物有海胆、鲎、绿海龟、多种草食鱼类等。

再以芦苇群落为例，芦苇群落为麋鹿、丹顶鹤、震旦鸦雀、白琵鹭等许许多多野生动物栖息奠定了坚实的基础。

以近年人们注意到的许多鸟类越冬到的南方湖泊或河段为例，如鄱阳湖、饶河、修水、信江、汀江、大樟溪的一些河段，成为中华秋沙鸭、白鹤、斑嘴鸭、鸳鸯等的越冬地，都与这些河流的某些河段中存在隐蔽的生境和丰富的食物密切相关。

（执笔人：李振基）

湿地与湿地植物

湿地植物对人类的贡献

湿地与人类的生存、繁衍、发展息息相关，是自然界最富生物多样性的生态景观和人类最重要的生存环境之一。它不仅为人类的生产、生活提供多种资源，而且具有巨大的环境功能和效益，在防风固堤、提供野生动物栖息地、提供可利用的资源、美化环境、教育和科研价值等方面具有重要意义，因此，湿地被誉为地球之肾。在《世界自然资源保护大纲》中，湿地与森林、海洋一起并称为"全球三大生态系统"。作为湿地生态系统中的生产者，湿地植物对人类的贡献体现在以下8个方面。

作为粮食、蔬菜

自古以来，我国就已经驯化了野生稻（*Oryza rufipogon*）成为稻，以稻作为主粮之一，并逐步扩大到了全国。除稻作为粮食外，菰米、薏米、菱、芋（*Colocasia esculenta*）、莲子作为粮食的补充。莲藕、莼菜、蕹菜（*Ipomoea aquatica*）、豆瓣菜（*Nasturtium officinale*）、慈姑（*Sagittaria trifolia* subsp. *leucopetala*）、蒌蒿（*Artemisia selengensis*）、

茭白、海带（*Laminaria japonica*）、紫菜（*Porphyra* spp.）、菜蕨（*Diplazium esculentum*）、海菜花、水烛芽、芦苇芽、芡实梗等都可以作为蔬菜。

作为中草药

在李时珍编著的《本草纲目》中，除把23种湿地植物归在了水草中，如泽泻、鸭舌草（*Monochoria vaginalis*）、羊蹄（*Rumex japonicus*）、酸模（*Rumex acetosa*）、龙舌草、菖蒲、水烛、紫萍、蘋、萍蓬草、荇菜、莼菜、水松（*Glyptostrobus pensilis*）等，把有些湿地植物归在了隰（音 x í）草类中，如水蓼、红蓼（*Persicaria orientalis*）、三白草、海菜花；还有一些湿地植物归在山草类，如徐长卿（*Cynanchum paniculatum*）；把水稻、薏苡（*Coix lacryma-jobi*）、菰米放在了谷部；水芹（*Oenanthe javanica*）、蕹菜、水蕨、芋则放在了菜部；把莲藕、菱、芡、慈姑放在了果部；把柳（*Salix* spp.）、枫杨放在了木部。可以看出，大部分湿地植物，都具有药用价值。

作为牧草与饲料

不少沼泽草甸中的湿地植物是青藏高原牦羊的牧草，如华扁穗草（*Blysmus sinocompressus*）、大叶章（*Deyeuxia purpurea*）、甘肃薹草（*Carex kansuensis*）、西藏嵩草、尖苞薹草（*Carex microglochin*）等。而喜旱莲子草（*Alternanthera philoxeroides*）是作为马的饲料引入的；苦草、草茨藻（*Najas graminea*）、黑藻、狐尾藻、凤眼莲、大薸等可

荇菜、水芹和满江红形成了一幅野性十足的水景（李振基/摄）

以作为猪的饲料。杉叶藻（*Hippuris vulgaris*）、满江红、浮萍、蘋都可以作为猪、鸡鸭、草鱼等的饲料。

作为造纸与编织原料

芦苇、荻、稻草、玉山蔺藨草（*Trichophorum subcapitatum*）都是很好的造纸原料。很多湿地植物是农业、盐业、渔业、养殖业、编织业的重要生产资料。水葱、短叶茳芏（*Cyperus malaccensis* subsp. *monophyllus*）等可以作为草席的编织原料。秘鲁乌鲁斯人善于利用水烛、芦苇编织船只和房屋等。

防风固堤

很多湿地植物可以耐受海浪、台风和风暴的冲击，如秋茄树、海榄雌、银叶树（*Heritiera littoralis*）等很多种红树植物可以削弱波浪对海岸的侵蚀，它们的根系可以固定、稳定堤岸和海岸，保护沿海工农业生产和人民生命财产。河流岸边的枫杨、垂柳（*Salix babylonica*）、乌桕（*Triadica sebifera*）可以固定和保护河流堤岸。

美化环境

湿生植物、挺水植物、浮叶植物、沉水植物从陆地到水中有机组合，高低错落有致，色彩有机搭配，再加上碧水蓝天，带给人们美好的感受。有些湿地植物具有很高的观赏价值，如荷花（莲）是我国十大传统名花之一，在我国各地都有栽培以供观赏。杭州西湖的"柳浪闻莺""曲院风荷"等都以湿地植物造景而闻名。再如，芦苇、水烛、海菜花、睡莲、秋海棠、凤仙花、千屈菜都可以为湿地增色不少。因此，湿地具有自然观光、旅游、娱乐等方面美学的功能，蕴涵着丰富秀丽的自然风光，成为人们观光旅游的好地方。

净化水体

芦苇、水烛、睡莲、荇菜、苦草、黑藻、金鱼藻、狐尾藻等不仅可以美化环境，还可以净化水体。很多湿地植物能有效吸收水体中的镉、铜、锌等重金属元素以及氮、磷等水体富营养化成分，被广泛应用在各地的污水处理系统和水体生态修复工程中。

教育和科研价值

不仅复杂的湿地生态系统、丰富的动植物群落、珍稀的濒危物种等在植物学、生态学、湿地保护等自然科学教育和研究中都具有十分重要的作用，有些湿地还保留了具有宝贵历史价值的文化遗址，是历史文化研究的重要场所。

（执笔人：肖克炎、李振基、张继英）

　　湖泊是湿地的重要类型之一，是在特定的地质历史和自然地理背景下形成的湿地。由于各地自然条件有差异，以及湖泊成因和演化阶段不同，有不同的湖泊类型：根据湖水的矿化度划分，可以分为淡水湖、微咸水湖、咸水湖和盐湖，淡水湖有鄱阳湖、洞庭湖、洪泽湖、太湖、巢湖、滇池、衡水湖、白洋淀、西湖、鄂陵湖等，咸水湖有青海湖、纳木错湖等；根据是否常年积水，可以分为永久性湖泊和季节性湖泊；根据成因，可以分为构造湖、河成湖、火山口湖、堰塞湖、冰川湖、岩溶湖、风成湖、海成湖。

　　湖泊边缘往往沉积了淤泥，湖岸边缘生长着沉水植物、漂浮植物、浮叶植物、挺水植物、湿生植物。沉水植物有金鱼藻、黑藻、苦草、竹叶眼子菜、水毛茛、草茨藻等，漂浮植物有槐叶苹、凤眼莲，浮叶植物有莼菜、芡、细果野菱（*Trapa incisa*）、海菜花、睡莲等，挺水植物有芦苇、水烛、红蓼等，湿生植物有灰化薹草、南荻、蒌蒿、乌桕等。

到湖岸边欣赏湿地植物

清水素苣的水草

——海菜花

海菜花是水鳖科水车前属中国特有的多年生沉水植物，主要分布于云贵高原。这里山多平地少，人们习惯把大一点的湖泊称为"海"，如云南大理的洱海、贵州威宁的草海。很久以前，白族的先人把洱海中生长的一种水生植物捞起来食用，称它为"海菜"；后来"海菜花"就成了这种植物的中文名称。

清代植物学家吴其濬的《植物名实图考》记载："海菜，生云南水中。长茎长叶，叶似车前叶而大，皆藏水内。抽葶（莛）作长苞，十数花同一苞。花开则出于水面，三瓣，色白；瓣中凹，视之如六，大如杯，多皱而薄；黄蕊素萼，照耀涟漪，花罢结尖角数角，弯翘如龙爪，故又名龙爪菜。水濒人摘其茎，煤食之。"

2008年4月，笔者驾车从桂林出发，到达永福县百寿镇后不久，发现公路左侧的小河上漂浮着无数洁白的小花，纤细的花梗撑起三片洁白花瓣，整段河面上犹如众多亭亭玉立的舞女依着水流韵律而舞动着，这就是海菜花。

海菜花扎根水底，茎极短，叶子和花序均从基部长出，宽宽的叶片像海带在水中飘荡；柔软的花序梗包含众多花蕾，佛焰苞奋力地浮向水面，以便花朵在空气中开放，好让昆虫帮助传粉。海菜花雌雄异株，雄佛焰苞有花50~60朵。雌佛焰苞有花6~9朵，每天开放1~2朵。雌花开完后，花序梗会作螺旋状扭曲，把子房拖到水下发育成果实。

沉水植物的叶片表皮大都没有气孔，也没有角质层，可以直接吸收水中的养分，也容易被水中的污染物危害。海菜花对生境的要求很高，喜清澈的生境，一旦水质受到污染，就难以生存，因而海菜花又被称为"环保菜"，是水质的"试金石"。

海菜花在云南被俗称"水性杨花"。出于对海菜花的痴爱，十几年来，笔者多次在广西、云南、贵州寻访海菜花的分布地。靖西海菜花（*Ottelia acuminata var. jingxiensis*）是生长于广西喀斯特地区的一个变种。靖西素有"小桂林"的美称，境内有20多条源自地下的河溪，曾经到处都可以见到海菜花。靖西海菜花给人的直观感觉是花瓣基部的黄斑特别大，佛焰苞中花蕾的数量多，果实细长。可惜从2014年开始，随着靖西大力发展铝矿业，境内河流的海菜花生境遭到破坏，现在已经难觅其踪影。幸好在广西都安瑶族自治县还分布有靖西海菜花，从地下河天窗涌出来的澄江终年流水不断，海菜花四季常开。特别是在4月和10月两个盛花期，从大兴镇到高岭镇的15千米河面上白茫茫一片，这里成为名副其实的"花河"，都安澄江国家湿地公园已经成为当地的一个生态旅游景点。

云南和四川共享的泸沽湖海拔近2700米，面积近50平方千米。泸沽湖特产的波叶海菜花（*Ottelia acuminata var. crispa*）与摩梭"女儿国"神奇、浪漫

海菜花（吴双/摄）

的婚俗以及蓝天碧水的秀丽自然景色融为一体，吸引无数游客。笔者在不同的季节共三次去看波叶海菜花。2017年5月初，泸沽湖的天气还没有变暖，只有零零星星几朵早开的海菜花蜷缩在湖面上。由于高原湖泊冬天水温比较低，海菜花的老叶子仿佛因为受寒而萎缩，拿在手上有角质化的感觉，犹如披上了铠甲。笔者当时无法理解"波叶"的含义。2018年10月下旬，笔者再次去泸沽湖，在普乐村捞到一株被波浪冲到岸边的海菜花，发现它的叶子狭窄修长，边缘呈波浪形卷曲，原来这才是其命名的缘由！植物的形态变异与环境密切相关，泸沽湖经常刮大风，湖边长期有涌浪来回荡漾，使海菜花的叶子和花序梗都被拉得狭长。笔者没有见过波叶海菜花挺立水面的情景，它的花总是像睡罗汉一样躺在水面上仰天开怀。

　　在云南石林彝族自治县也有一个海菜花变种，它以石林的旧县名而命名为路南海菜花（*Ottelia acuminata* var. *lunanensis*）。路南海菜花的雄佛焰苞在开花时还会有珠芽萌发，直接长出小苗，脱落到水底就能长成新的植株。昆明植物研究所的专家好几年都没有在石林找到海菜花，认为它可能已经灭绝了。笔者也曾先后三次去石林长湖、圆湖和月湖寻找，均无功而返。在濒临绝望之际，2018年8月中旬，朋友圈传来植物爱好者在石林重新发现路南海菜花的信息，笔者几经周折联系到当事者黄女士，来到一片叫长塘子的水域。几个水塘都有零星的海菜花浮在水面，笔者试探着走进水中。这种海菜花外观与靖西变种一样，花瓣基部的黄斑比较大，然而无论雌的还是雄的佛焰苞都没有看到珠芽，非常遗憾。2019年年底，笔者再次到长塘子拜访路南海菜花，还是没看到珠芽长小苗的景象。笔者猜测，命名的专家可能是把海菜花偶然出现的珠芽繁殖方式当作了稳定的分类特征。

由于爱屋及乌，笔者遍访海菜花的远亲近戚。龙舌草是从我国东北到海南广为分布的水车前属两性花物种，佛焰苞里只有一朵花，它与海南的水菜花（*Ottelia cordata*）一样成为稻田杂草，每年被农民清除，翌年又长出来。贵州水车前（*Ottelia balansae*）也是两性花，2017年在广西灌阳县发现了新种灌阳水车前（*Ottelia guanyangensis*），后来在广西河池、百色的多个地下河出水口还发现了更多形态各异的两性花的类群。

在云南大理洱海北端的洱源县右所镇松曲村，笔者看到了食用海菜花种植基地的壮观场面，村庄周围的农田中、池塘里，白花朵朵如繁星倒影，菜农在忙于采收花葶。在大理、丽江的餐馆，旅行者随时都能品尝到当地的传统美食素炒海菜花或海菜花芋头汤。海菜花已被列为国家二级保护野生植物，如今之所以还能把它端上餐桌，全靠人工科学种植，食客才不必作暴殄天物的感伤。

（执笔人：吴双）

到湖岸边欣赏湿地植物

叶片形态百变的水草

——水毛茛

　　笔者不久前来到青海冬格措纳湖，湖边一片淡黄色，走近一看，原来是一种水毛茛。水毛茛是毛茛科水毛茛属多年生沉水草本植物，水毛茛属下共有30余种；其中，国内分布有8种。在我国大多数湖泊中，最容易看到的是水毛茛。

　　水毛茛大部分时间生活在水中，只有在开花时，它们才会露出水面。进入5月，花梗从水下挺出，洁白的5枚花瓣悄然绽开；仔细看，花朵底部呈黄色，还有数枚小小的黄色花萼。聚合果卵球形；瘦果，有横皱纹。最有意思的是它们的叶子：扇形的叶片分裂成细丝状，可以增加叶片吸收CO_2和O_2的面积，且能减小水的阻力。其花期为5~8月。水毛茛分布于我国辽宁、河北、山西、江西、江苏、甘肃、青海、四川、云南、西藏、贵州、新疆等地区的河滩积水地、山谷溪流、平原湖中或水塘中。

　　水毛茛对水质要求很高，只生长于水质较好、水体流动的活水中，是优良水质的指示物种。水毛茛在生长过程中会吸收水体中的营养物质，包括氮、磷等。水毛茛能迅速吸收悬浮微粒中的污染物，在维持湖泊的清水稳态中具

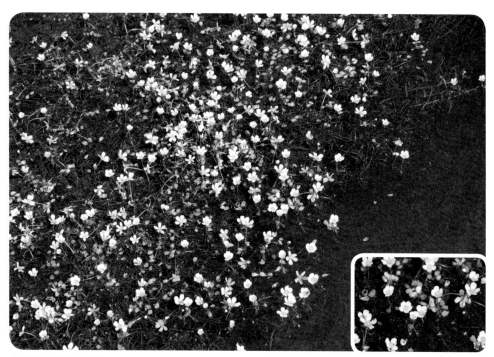

水毛茛（肖克炎/摄）

有重要作用。一般来说，内稳性低的沉水植物可以作为水生态修复的先锋物种。因此，通过使用水毛茛等一系列的沉水植物扩繁技术，将扩繁后的沉水植物用于湖泊生态修复中，就可达到湖泊从浊水状态转变成清水状态的目的。但是，过量的水毛茛等沉水植物的生长也会给水体带来一定的不利影响，如大量水生植物残体在腐烂分解过程中释放营养盐进入水体，造成水体的二次污染；密度过大的植物夜间呼吸作用可显著降低水体中的溶解氧等。因此，针对有大量繁殖的沉水植物水体，可采用每年有计划地收割水毛茛等沉水植物的方式转移水体中过量的营养物质，对维护水生态系统具有积极作用。

水毛茛的块根形似猫爪，表面黄褐色或灰褐色，上端有黄棕色残茎，或有茎痕；有的块根中间留有细须根，质坚实。干燥后可以入药，有活血消肿之功能，主治一切鼠疮。此外，水毛茛叶两型，水下和水上部分差异较大，且花期较长，花形较美，具有较高的观赏价值。故常被用于水景布置，整体观赏效果较好。

随着生境破碎化，水毛茛的生境碎片化现象十分明显，在一些地区种群数量稀少甚至绝迹。其中，尤以北京水毛茛（*Batrachium pekinense*）最为稀少，我国为了进一步加强野生水毛茛资源的保护工作，于2021年将北京水毛茛正式列为国家二级保护野生植物。

（执笔人：张帅、安树青）

西晋，吴地世家子弟张翰到洛阳当官，秋风乍起时，他想起故乡吴中的莼菜、莼羹、鲈鱼，感慨："人生贵适志，何能驾官数千里，以要名爵乎？"于是弃官归里，留下了"莼鲈之思"的典故。如今，莼菜成为江苏省苏州市特产，正式被批准为国家地理标志产品。

莼菜是莼菜科莼菜属多年生宿根浮叶植物，又名"马蹄菜""湖菜""水案板"。"莼"，之所以取"纯"音，与这种植物茎长如丝的特征有关。其叶有两型：漂浮叶互生，盾状，全缘，有长25~40厘米的叶柄；沉水叶在出芽时存在，但不容易看到。叶柄及花梗有胶质物。花小，单生；萼片及花瓣均宿存；雄蕊12~34枚，花丝锥状，花药侧向；心皮6~18枚，离生，生在小型花托上，花柱短，柱头侧生，胚珠垂生。坚果革质。

莼菜花期主要在5月中下旬，每天从早上5点开始，花陆续开放，10点以后逐渐闭合，至12点全部闭合。其雌蕊先成熟。花开放第一天，花梗伸出水面，花被片逐渐张开，并向外反卷。花刚开放时，雌蕊高于雄蕊，雌蕊群紧密抱合，后成辐射状张开；柱头白色，上有细毛状物，利于接受其他植株上来的花粉。此时，雄蕊群尚未成熟，花药表皮呈红色，不开裂，位于雌蕊柱头之下。10点以后，雌蕊合拢，花被逐渐收拢闭合，花梗微微弯曲。雄蕊的花丝在花闭合状态下逐渐伸长。在第二天花再开放时，雌蕊合拢，雄蕊已经高出雌蕊0.5厘米左右，呈辐射状；花药纵向开裂，大量散出浅黄色花粉，通过风和红蜻蜓、叶甲等昆虫带到其他刚开花的植株的雌蕊柱头上。10点以后，花逐渐闭合沉入水中。

莼菜很容易生长，但是不能在一般的河塘里生长，因为莼菜对水质要求非常高，必须在水质极其清洁的地方才能生长。根据文献资料，莼菜分布在非洲、东亚、澳大利亚、北美洲及中美洲。在我国，莼菜既有栽培品种又有野生居群。栽培品种主要位于四川省雷波县、湖北省利川市、重庆市石柱县、江苏省太湖、浙江省杭州西湖等地。野生莼菜在我国云南、湖南、江西和黑龙江等地分布，野生莼菜已列为国家一级保护野生植物。

《诗经》"思乐泮水，薄采其茆"中的"茆"指的就是莼菜。中国采食莼菜已

莼菜（李两传/摄）

莼菜（陈炳华/摄）

有3000多年的历史，食用历史悠久。莼菜本身并没有味道，它最鲜明的特点在于其茎及叶背面包裹着厚厚的透明胶质，化学成分是一种黏多糖。这胶质使其做成的羹汤自带"勾芡"的功能，口感别具风味。而真正使莼菜声名大噪的恐怕要算西晋的张翰，后来历代文人骚客都在不断追捧莼菜，如元稹"莼菜银丝嫩，鲈鱼雪片肥"的诗句，白居易"犹有鲈鱼莼菜兴，来春或拟往江东"的诗句等，前往江南品尝莼菜佳肴似乎也成了那个时代文人的风尚。

如今，诸多的人类活动不断破坏莼菜的原生境，由于莼菜适应能力较弱，野生莼菜数量急剧减少。莼菜作为国家一级保护野生植物，对莼菜野生资源的保护迫在眉睫，建立原生境保护区和异地保存是最重要且最合理的途径。近些年来，不少地方都已对其进行人工栽培，如今栽培种植莼菜让不少农民走上了致富路。

（执笔人：夏雯、安树青）

《诗经·山有扶苏》中有"山有乔松，隰有游龙，不见子充，乃见狡童"的诗句，游龙并非是游动的龙，而是指一种湿地植物红蓼，意思大概是在一片沼泽湿地中，红蓼长得很肥美，枝叶放纵，宛若游龙。《诗经》中出现的动植物往往是春秋时期或更早时期就与人们生活密切相关的动植物。红蓼可能在那时的郑国（今河南新郑及周边区域）已经用来入药、酿酒和作蔬菜了。

蓼无疑是一类神奇的水生植物，蓼属的多种蓼都有超强的生存机制，可以沉水生长，又能挺水生长，也能在陆地上生长。某些蓼既能在海口生长，又能分布到高海拔。红蓼也是蓼科成员之一，但它似乎更喜欢平原环境的沼泽池塘，不太擅长在水里生活。

除西藏外，红蓼广布于我国各地，野生或栽培；在朝鲜、日本、俄罗斯、菲律宾、印度及欧洲和大洋洲也有分布。在台湾，则多分布在全省低海拔山区及平原湿地、水沟边，田野路旁。

笔者住台湾北部，时常到宜兰拍水鸟，兰阳平原农田范围大，灌溉水田的引水道特别多，大小河渠四通八达，

红蓼（李两传/摄）

有几处水沟旁都长着红蓼，红蓼丛便常成为野鸟的栖息之地。有时适巧要拍的目标鸟却躲进红蓼丛中，高大的植株延伸成丛，鸟一进入里面，就开始考验我们的耐力。鸟往往要很长时间才会再探头，这时观察红蓼就成了笔者消遣时光的重要项目。

红蓼是蓼科蓼属最高大的湿生植物，可以长到2米高，其节膨大，叶互生，全缘，茎上的叶片被一层白色的短柔毛，因此，叶片看起来毛茸茸的。膜质的托叶鞘筒状抱茎；上面的苞片膜质，花粉白色而细小，一朵朵排列在穗状花序上，从花序底部向上依次开花结果；其果细小，黑褐色。

红蓼花多又密，植株高大，形态优美，可以作为湿地景观植物，栽植于公园水泽淤泥中。在台湾有几处人工湿

红蓼（李振基/摄）

地引入生活废水，再于池中栽红蓼及其他水草。红蓼以其易活耐污染特性应用于自然沉淀悬浮粒子与净化水质。

红蓼在古时被用作辛辣佐料，果实成熟后，可以采来炒着吃。李时珍在《本草纲目》中介绍说："秋深子成，扁如酸枣仁而小，其色赤黑而肉白，不甚辛，炊炒可食。"也有一些地方用蓼秆点烟以熏蚊，蚊子受不了这辛辣气味而遁得无影无踪。苏轼有"蓼茸蒿笋试春盘，人间有味是清欢"的诗句，足见它那超尘脱俗的境界。

红蓼也是一种上好的药材，其花和果实可以入药，名"水红花子"，具有活血、消积、止痛、利尿的作用，可用于治疗癥痞腹胀、瘰疬、胃脘作痛、风湿痹痛、痢疾、呕吐、转筋、脚气、痈疮疔疖、蛇虫咬伤、小儿疳积、疝气、跌打损伤、疟疾等。

红蓼还可以用来制作酿酒的酒曲，用此酒曲酿制出来的糯米酒口感醇厚而悠长；用其制作出来的醋香气扑鼻，深受人们的喜爱。在徽州，至今还有酒曲花基地。制作之时，要清早将带着露水的红蓼采回家，做出的酒曲酿出的酒酿才清新。采来一穗穗红蓼花后，在竹匾上摊开，精拣，再采些芝麻花，加糯米粉混在一起倒入石臼中舂捣成泥状；再取出，搓揉成小圆团；放在竹匾中，在户外烈日下暴晒至枯干，酒曲制作方才功成。

"行尽潇湘到洞庭。楚天阔处数峰青。旗梢不动晚波平。红蓼一湾纹缬乱，白鱼双尾玉刀明。夜凉船影浸疏星。"宋代张孝祥的词句形象地描绘了湖湾沼泽湿地中成片红蓼的倒影在涟漪中，小船的影子衬托着稀疏的星星晃动。这样的感受只有身临其境方能慢慢体味。

（执笔人：李两传、李振基）

到湖岸边欣赏湿地植物

湖泊草甸的骨干

——灰化薹草

　　鄱阳湖是我国第一大淡水湖，位于江西省北部，是一个季节性变化巨大的吞吐型湖泊。从外貌上看，呈现出"洪水一片，枯水一线"的季节性特征。春夏交替时水位开始上涨，许多大大小小的碟形湖泊逐渐连接成片。夏季达到高水位，汪洋一片；秋季水位逐渐下降，水位低时只有河道有水，呈现"线状"。近年来，由于降水偏少和上游来水少等原因，鄱阳湖枯水期呈现"枯水一线"成为常态。如果您冬季或早春到鄱阳湖参观考察，就会看到"大草原"的景观。而您所看到的"大草原"中占据面积最大的就是灰化薹草。

　　灰化薹草是莎草科薹草属沼生植物，高25~60厘米，秆丛生，锐三棱形；穗状花序3~5个，上部的1~2个为雄性，下部的为雌性。花果期为3~5月。扬花之时，伸出的雄蕊淡红色，远看一片灰色，故名。产于我国长江流域以北的华中、华东、华北、东北；日本有分布。生于湖边、沼泽或湿地。

　　鄱阳湖的灰化薹草随着鄱阳湖的水位变化，呈现出明显的季节性变化。秋、冬季和早春，很多草本植物枯萎着

灰化薹草（李恩香/摄）

或还没有生长起来，而灰化薹草却旺盛地生长，随风而
动，绿浪起伏，生机勃勃，郁郁葱葱。这时候的灰化薹草
是优质的牧草，成为梅花鹿、牛、羊和一些鸟类的重要食
物来源。初夏季节，水位逐渐上涨，鄱阳湖的灰化薹草慢
慢地淹没在水中，其地上部分在水中分解，成为湖泊中有
机质的重要来源，为水生生物提供了大量的碳源；而其地
下部分是潜水强者，能耐受数月的水淹，静静地等待，湖
水退却后恢复生长，再展雄姿。灰化薹草就这样周而复始
地顽强生长。

（执笔人：李恩香）

在《诗经·秦风》中有《蒹葭》一篇：

蒹葭苍苍，白露为霜。所谓伊人，在水一方。溯洄从之，道阻且长。溯游从之，宛在水中央。

蒹葭凄凄，白露未晞。所谓伊人，在水之湄。溯洄从之，道阻且跻。溯游从之，宛在水中坻。

蒹葭采采，白露未已。所谓伊人，在水之涘。溯洄从之，道阻且右。溯游从之，宛在水中沚。

在深秋清晨，诗人来到渭水一带河边，看到一番秋苇苍苍、白露茫茫的景象，诗人想如何才能恢复传统的周礼，如何才能拥有治国的贤才，也可能在想那日夜思念的人会在哪。

这里的"蒹葭"就是芦苇，"蒹"指没长穗的芦苇，"葭"指初生的芦苇。芦苇分布很广，在春秋战国时的秦地有分布，大概是现在渭水周边的陕西甚至是甘肃一带。芦苇在华北平原，4月上旬发芽，5月初展叶，7月下旬至8月上旬为其孕穗期，8月上旬到下旬为抽穗期，8月下旬至9月上旬为开花期，10月上旬为种子成熟期，10月底以后为落叶期。随陕西一带的物候，芦苇或许早一点

芦苇（李振基/摄）

发芽，晚一点落叶。所以，也可能在诗中"蒹葭"代指芦苇，但并不指幼嫩的芦苇。

芦苇是禾本科芦苇属的植物，分布于全世界，适应性极强，在我国东西南北中都有分布。芦苇生于江河湖泽、池塘沟渠沿岸、海湾、河口，甚至是地下水位高的荒漠。在各种有水源的空旷地带，芦苇常以其迅速扩展的繁殖能力形成连片的芦苇群落。

芦苇之所以能够世界广布，有几个方面的原因。

第一是具有风播机制。其颖果外稃基盘延长，密生丝状柔毛；颖果成熟脱落时，柔毛助力其飞向新的区域定居繁衍。

第二是定居后可以扎根，根状茎十分发达。其根状茎横走，纵横交错成网，甚至能够在水面上形成较厚的根状

芦苇（李振基/摄）

茎层。根状茎能较长时间耐受地下盐分与淹水，可以长达1米以上；一旦条件适宜，仍可发育成新枝。

第三是对水的适应范围很大。从土壤湿润到长年积水，从水深几厘米至1米以上的湖塘中，都能形成芦苇群落。在流速缓慢的河流中，甚至是地下有水的荒漠中，都可形成高大的芦苇群落。

第四是对盐碱的适应范围大。从淡水生境，到河口海湾盐度高达10‰的滩涂，或内陆的盐碱滩涂中都可以生长。

芦苇的用途以纤维的利用为主，可以用作造纸原料或作编席织帘及建棚材料，甚至在有些国家用于造船，茎、叶嫩时为饲料；根状茎供药用。芦苇是为固堤造陆先锋环保植物等。

（执笔人：李振基、张继英）

　　夏天的鄱阳湖有着水天一色的浩瀚景观，秋冬的鄱阳湖同样令人震撼。从初中的语文课文中我们就了解到"芦苇荡""青纱帐"，学习了可歌可泣的爱国故事；在鄱阳湖，人们同样可以领略"芦苇荡"的壮丽景观。鄱阳湖除分布有大面积的芦苇外，还有一种类似芦苇，且比芦苇分布面积更大的禾本科植物——南荻（*Miscanthus lutarioriparius*）。

　　南荻是多年生高大竹状草本植物，看起来跟五节芒（*Miscanthus floridulus*）差不多。南荻一开始被放在芒属家族，曾经有专家认为其小穗无芒，就把几种独立出来，成了荻属植物，所幸，陈少风等专家凭借现代分子系统学手段，测定了五节芒、芒（*Miscanthus sinensis*）、南荻、荻、白茅（*Imperata cylindrica*）等植物，发现荻和芒是一家，于是重新把南荻和荻归在了芒的家族，使荻终于回家了。

　　那么，同样长在鄱阳湖等湿地中，南荻与芦苇又有什么不一样的地方呢？芦苇生长在水中或水边及沼泽地，更耐水淹；南荻则生长在水边及低山坡，是水陆两栖的禾

南荻（李恩香/摄）

草。芦苇的茎中是空的，叶片边缘不锋利，芦花颜色雪白。南荻的茎硬而细，节密集；叶片跟五节芒一样，很锋利；荻花淡紫色。

有人考证，在《诗经》中，"蒹葭苍苍"中的"蒹"是南荻，"葭"才是芦苇。但南荻只分布于长江中下游的江西、湖南、湖北的江洲湖滩上，不在秦风、卫风诗歌的区域，所以，蒹不是南荻。

南荻纤维质优、高产，能制高级文化用纸及静电复印纸，是具有很好开发利用前景的优良种质资源。南荻在鄱阳湖湿地植被中优势明显，是主要的建群种，在湿地生态平衡的维持方面具有重要作用。

（执笔人：李恩香）

如果说到我国候鸟的天堂，很多人都会想到我国最大的淡水湖——鄱阳湖。鄱阳湖之所以能成为候鸟的天堂，得益于其地理位置、广漠的湿地面积和丰富的资源。每年9月至次年3月，鄱阳湖处于枯水期，湖水退去，洲滩显露，湿地植物崭露峥嵘。秋季、冬季和初春既是鄱阳湖冬季候鸟云集的时期，也是湿地植物最繁盛和多样性最高的时期。湿地植物为候鸟提供了丰富的食物资源，蓼子草就是其中重要的一种。

蓼子草（*Polygonum criopolitanum*）是蓼科蓼属、一年生草本，丛生，茎从基部分枝，平卧，节部会长出不定根帮助植物固定；叶比较细小，披针形。其花序为头状，淡紫红色，着生在植株顶部。产于河南、陕西、江苏、浙江、安徽、江西、湖南、湖北、福建、广东、广西等省份的河滩沙地、沟边湿地。

蓼子草虽然是一种小型草本，但它可依靠发达的地下茎进行快速营养繁殖，在湿润的河滩或湖滩常常连绵成片。花期为7~11月，长达4个月，花期大面积开花，每到开花时节，鄱阳湖畔、赣江下游河岸、滨湖湿地一片粉

蓼子草（王小龙/摄）

蓼子草（江凤英/摄）

红，小小的蓼子草把鄱阳湖装扮得异常妖艳，成片艳丽的蓼子草也是河滩湿地的重要景观。

受益最多的是蜜蜂和蜂农。蓼子草的花粉丰富，泌蜜量大，是蜂群过冬的好饲料，能帮助培育大批的越冬蜂。蓼子草的花会渐次开放，让蜜蜂、食蚜蝇与蝴蝶等帮忙异花授粉；在鄱阳湖畔，不仅昆虫而且风也帮助其授粉。

蓼子草仿佛能够进行中长期天气预报一般，在干旱之年，湖水水位降低，蓼子草就早早开花结果，让种子去传宗接代；而年成好，湖水水位稳定，蓼子草也优哉游哉，多长个儿，再开花结果。当霜较重或西北风较强时，蓼子草也不再坚持开花，差不多处于休眠状态。

鄱阳湖的蓼子草的生长期与冬季候鸟的活动期相吻合，其幼嫩的枝叶也是冬季候鸟的重要食物之一。

蓼子草味微苦、辛，性平，还具有祛风解表，清热解毒的功效，可以用于治疗感冒发热、毒蛇咬伤，还可治麻疹、羊毛疔等疾病。

（执笔人：李恩香）

"碧玉妆成一树高，万条垂下绿丝绦。不知细叶谁裁出，二月春风似剪刀。"唐朝天宝年间，贺知章告老回乡，回到浙江萧山，坐船来到潘水河畔。此时正是二月早春，柳芽初发，春意盎然，微风拂面。他即景写下这首诗，成为千古名诗。贺知章这首《咏柳》生动形象地描绘料峭轻寒的早春，潘水河畔那垂柳已经长出了翠绿的新叶；轻柔的柳枝垂下来，就像万条轻轻飘动的绿色丝带，在春天里自由摇曳着。

垂柳历来为文人墨客所垂青，自古以来有插柳、折柳、戴柳、射柳、赏柳、喻柳、咏柳等习惯。插柳：我国古代寒食节、清明节时，家家有门前插柳枝的风俗。折柳：折柳赠别始于汉朝，古人赠柳，寓意有二，一是祈愿友人无论到哪里都能枝繁叶茂，纤柔细软的柳丝则象征着情谊；二是柳与"留"谐音，折柳相赠有"挽留"之意。射柳：古人在清明前后相约，在距离柳树一百步远的地方，用弓箭射击悬挂的柳叶。这一活动起始于战国，流行于汉朝，至唐时，被官方确定为正式比赛项目。咏柳：历代诗人以柳入题，歌咏不绝。古代的《诗经》中所写

垂柳（李振基/摄）

的"杨柳依依"早已成为人们吟咏的佳句，唐宋以后，咏柳的诗词名篇迭出，如"柳絮飞来片片红，夕阳方明桃花坞""依依袅袅复青青，勾引春风无限情"等。

　　垂柳高可达18米。树皮灰黑色，随着树干长粗，树皮会形成看起来很精致的纵向开裂；枝条细而下垂。叶狭披针形或线状披针形，长9~16厘米，宽0.5~1.5厘米，两面无毛或微有毛，上面绿色，下面色较淡，叶缘有细小的锯齿。早春一般先开花，然后再长叶。柳树的花序叫柔荑花序，其意思是有点肉质下垂的花序；柳树的花在历史的演化中特化了，因为可以依赖春风帮忙把花粉送到雌株柳树的雌蕊柱头上，所以没有发育鲜艳美丽的花萼花瓣；但为了确保万无一失，增加安全系数，柳树的花序与花上发育了蜜腺，蜜蜂等勤快的昆虫也在采蜜的时候帮助传

垂柳（李振基/摄）

粉。柳树的种子微小，上面长了白色的丝状长毛。到了夏季之后，蒴果裂开；每有风来，带着飞行器的柳树种子就被带往远方。

柳树是一个较大的门类，全世界有500多种，主产于北半球温带地区；我国有200多种，也主要分布在较为寒冷的北方和青藏高原。南方常见的柳树有南川柳（*Salix rosthornii*）、长梗柳（*Salix dunnii*）、银叶柳（*Salix chienii*）、粤柳（*Salix mesnyi*）、旱柳（*Salix matsudana*）等。而且这些柳树枝条不是那么垂下来的；叶片虽然如同剪出一般，也不似垂柳细长。柳属植物多半喜欢潮湿的淡水生境，个别如南川柳耐水浸泡，可以生长在河道中间，有水生根，大部分只生活在岸边，成为水边一道风景。

　　垂柳不仅树形独特，而且容易扦插成活，被人类带着落户到祖国的各地，以致植物分类专家都难以确定垂柳的原生地在哪，但仔细看，许多地方的垂柳都是人工栽种的。笔者通过对许多前人采集的植物标本分析，认为其天然生长的地方是陕西、甘肃一带的山区。几千年前，人类喜欢其婀娜多姿，傍水而居时，摘几枝垂柳枝条插在河边或湖边，垂柳也就被人类带到了长江、黄河下游，再到珠江、淮河、闽江、辽河流域等。这有待于植物分类方面的有心人的验证。

　　　　　　　　　　　　（执笔人：江凤英、李振基）

　　河流常常可以根据其地理–地质特征分为河源、上游、中游、下游和河口五段。不同河段河水的流速与河道中的养分不一。河源指河流最初具有地表水流形态的地方，往往生长着莎草科湿地植物。上游指紧接河源的河谷窄、比降和流速大、水量小、侵蚀强烈、纵断面呈阶梯状并多急滩和瀑布的河段，往往有金钱蒲、萱草（*Hemerocallis fulva*）、轮叶蒲桃（*Syzygium grijsii*）、细叶水团花（*Adina rubella*）等生长在河道中或岸边。中游水量逐渐增加，比降和缓，侵蚀和堆积作用大致保持均衡，往往可以见到苦草、竹叶眼子菜、枫杨等湿地植物。下游河谷宽广，河道弯曲，河水流速小而流量大，淤积作用显著，往往可以见到水龙、黑藻等种类。河口是河流入海、入湖或汇入更高级河流处，经常有泥沙堆积，这些地方可能长有水烛、三棱水葱、短叶茳芏等湿地植物。

从河流中发现湿地植物

水润草木——湿地植物

——金钱蒲

溪流源头有洁癖的植物

　　从小在山里长大，经常去一些溪流源头，能够看到金钱蒲，其生境与特征很特别。其生境往往是清澈溪流源头的岩石上，其叶片似乎被压扁了一般。

　　金钱蒲又名"石菖蒲""九节菖蒲""岩菖蒲""回手香""随手香"等，是天南星科菖蒲属多年生草本。根茎芳香，粗而短，淡绿色，节密集；根肉质，根茎上部分枝甚密，植株因而成丛生状。叶无柄，叶片薄，基部两侧膜质叶鞘宽可达5毫米，上延几达叶片中部，渐狭，脱落；叶片暗绿色，线形，基部对折，中部以上平展。肉穗花序；佛焰苞叶状，长为肉穗花序长的2~5倍；肉穗花序圆柱状；花白色；成熟果序长7~8厘米；幼果绿色，成熟时黄绿色或黄白色。花果期为2~6月。

　　金钱蒲在黄河以南各省份的溪流源头、山涧水石空隙中或山沟流水砾石间都有分布，常见于密林下的有水花的岩石上。印度东北部至泰国北部也有分布。

　　金钱蒲生长在这样的生境中，生长速度是很缓慢的，其根状茎的节间短，根肉质，得抓牢石头，避免被流水冲走；因为经常遭水淹，根茎与叶表蜡质，叶薄如刀，不会

金钱蒲（李振基/摄）

太受水的影响，照样进行光合作用。在不高的草丛中开花，金钱蒲会散发浓郁的味道引来蝇类帮忙传粉，水流也可以帮助传粉。

金钱蒲的根茎味道特别浓烈，含挥发油；根茎可入药，以化湿开胃、开窍豁痰、醒神益智而著称，《神农本草经》中就讲到了"菖蒲，味辛，温。主风寒痹；效逆上气；开心孔，补五脏；通九窍，明耳目，出音声。久服轻身，不忘，不迷惑，延年。一名昌阳。生池泽。"在阿昌药、藏药、蒙药、傣药、土家药、哈尼药中都有用到金钱蒲，如在阿昌药中其称为"受毛"，说金钱浦的根茎能够治神志不清、健忘多梦。金钱蒲的挥发油能明显降低谷氨酸钠所致的惊厥的发生概率，也有研究人员认为起抗惊厥作用的是金钱蒲里面的醇溶性成分，有人则认为是水溶成分。

金钱蒲也可以用来栽培造景，当然宜用在长年流水的石山景中。

（执笔人：李振基）

生活在湍流下石头上的勇者
——川苔草

　　川苔草科植物是一类栖息于热带和亚热带溪流中的多年生沉水草本，株型矮小。其中文名起名原因是该类植物生长在"川流不息"的溪流中，且外形似"苔"；其拉丁学名"Podostemaceae"的意思是这类植物的雌蕊柱头呈丫形，"像脚丫一样"。川苔草科植物在全世界有49个属近300种，主要分布在热带和温带地区，其中，约26个属为单种属，大部分种类为狭域分布。

　　早在20世纪30年代，植物学家胡先骕先生依据日本发现川苔草科植物的报道，推测我国东南沿海也有该科植物的分布。1944年，厦门大学赵修谦先生在福建省长汀县工作期间发现了川苔草科2属3种植物。他对该科分类做了细致的研究，发表在了《Contr. Inst. Bot. Nat. Acad. Peiping》（《北平研究院植物研究所丛刊》）上。现有资料显示，川苔草科在我国有川藻属（*Terniopsis*）、飞瀑草属（*Cladopus*）（又名川苔草属）、水石衣属（*Hydrobryum*）和叉瀑草属（*Polypleurum*）4个属约11种，主要分布于福建、广东、云南、香港、海南、广西和贵州等地。

川苔草（陈炳华/摄）

笔者对川苔草科的关注源于1996年日本学者加藤（M. Kato）来福建对该科植物的考察。笔者作为随行者，印象有二：一是寻找川苔草的方法。在溪流中用光脚踩石块，踩上去有粗糙感的石头上就可能有川苔草。二是川苔草分布颇广，除长汀县汀江流域有分布，连城县、上杭县等地均有找到川苔草。2014年，笔者带学生开始对川苔草生物学特征进行研究，留下了第一手资料，开始了探寻川苔草科植物之旅。

川苔草（*Cladopus chinensis*）是川苔草科中一个典型的代表种，2020年前后，该种植物突然受到植物爱好者的追捧，主要原因是其生长环境特殊，株型奇特，且现存的资料特别是彩色图片数量十分有限。物以稀为贵，对于未知的东西，大家自然容易产生兴趣。

川苔草靠其特有的根固着，集群生长于激流中的大石头或石块叠成的河床上。夏季，从水面上看，川苔草植株的外形酷似苔藓，根铺满石头表面，细丝状的叶着生于根两侧的短茎上，如一袭绿色的地毯，光脚踩略有粗糙感。秋冬季，溪流水位下降后，川苔草可能会暴露于水面之上，陆续进入繁殖期。花期，能育枝约3毫米；其顶端长出暗红色的苞状结构，即总苞，花蕾则包藏于联合佛焰总苞内。待能育枝露出水面后，花梗迅速伸长；总苞裂开，在顶端绽放出暗红色的两性小花。处于盛花期的川苔草，常集群分布，远处依稀可见，如一袭暗红色的地毯铺在石头上，蔚为壮观。近距离观察会发现，随着水量时增时减，川苔草一会儿被淹没，一会儿被暴晒，倒也生活得有滋有味。川苔草的花，花被片小，两片，薄膜质，浅红色，着生于雄蕊花丝基部的两侧。子房光滑，呈椭圆状圆球形，上部通常为深红色；柱头二叉，紫红色，呈菱状楔形。授粉后，结实的子房膨大发育成球形的蒴果，几乎趴在水面上，状如藓类孢蒴，高约0.5厘米，不仔细看会以为是附着在岩石上干枯的青苔，此时脚踩的粗糙感更强。

　　川苔草属于飞瀑草属，该属全球共有8种，分布于东亚及东南亚。我国有5种，分别是川苔草、飞瀑草（ *Cladopus nymanii* ）、福建飞瀑草（ *Cladopus fukienensis* ）、华南飞瀑草（ *Cladopus austrosinensis* ）和鹦哥岭飞瀑草（ *Cladopus yinggelingensis* ），产于广东、福建、海南、贵州、广西等地。由于飞瀑草属生境和形态的特殊性，使得学者们在该植物分类地位的归属问题上存在不同的观点，因此其具体种类及分类问题仍待进一步厘清。

　　关于川苔草科植物，还有不少有趣的生物学问题有待解答。①为适应溪石急流中栖息，川苔草的根的生长方向转为水平，这与其他被子植物垂直生长截然不同，这

川苔草（陈炳华/摄）

是如何起源的？其分子机制又是什么？2020年，川苔草的全基因组已被福建师范大学生命科学学院陈由强课题组解析出来，这为其分子机制的探讨提供了坚实的基础。②急流中的川苔草有明显"两栖"现象，在夏季，其在水中进行营养生长和无性繁殖，而在冬季枯水期转入繁殖期，开花和结果通常发生在露出水面的石头上，是否说明其祖先是陆生的，避免与其他植物竞争才营水中生活，其开花调控是怎样的？机理是什么？其传粉机制又是什么？③川苔草科植物的生存要求水质至少在Ⅱ类以上，在全球气候变暖和极端气候事件增多的背景下，是否意味着其更容易走向灭绝？研究如何更有效地保护川苔草，似乎变得更加迫切。为此，2021版的《国家重点保护植物名录》中该科的川苔草属所有种、川藻属所有种和水石衣被列为国家二级保护野生植物；叉瀑草属为中国新记录属，尚未来得及列入。

2022年，笔者在福建永泰和云霄县发现川苔草科两个新种，分别为永泰川藻（*Terniopsis yongtaiensis*）和中国叉瀑草（*Polypleurum chinense*）。这些发现为上述问题的解答提供了不可多得的材料。鉴于我国幅员辽阔，该科研究还不够深入，海南、广西、云南、福建等省份应该还有种类未被发现，我们期待出现更多的惊喜。

川苔草科植物生长于水流湍急、含氧量高、光照充足的河流中，它只有在水质良好的河流中才能完成整个生命周期的过程。作为奇妙的大自然的一员，它们还可以作为水质监测的指示植物，为保护蓝色星球出一份力。

（执笔人：陈炳华）

　　藻类的定义古今不同，中国古代所说的"藻"泛指"水草"，是水生植物的总称，而现代人对藻类的定义范围较狭窄。植物现常被分为藻类、苔藓、蕨类、裸子植物和被子植物。这里所说的藻类是低等植物，它们的生活史过程中没有"胚"，也没有根、茎、叶分化，几乎看不到输导组织；而除藻类外的其他类群属高等植物，均有"胚"，大多（除苔藓外）有根茎叶分化和维管组织。可见，人们现在所说的藻类是低等植物，像黑藻、狐尾藻、金鱼藻等植物，虽然名字里有"藻"，但已不属于藻类，而属于高等植物。藻类一般生活在水中，有的藻类能耐受长期的缺水，也有少数可生活在一些极端环境中，如温泉、雪中等；有的藻类可以与真菌共生，形成"地衣"，成为生态演替的先锋者，可以说藻类无处不在。

　　藻类植物体构成以单细胞、（相同细胞组成的）细胞群或丝状体为主，少部分有组织分化。而轮藻（*Chara fragilis*）属于藻类中比较特殊的类群，植物体由多细胞构成，有类似根、茎、叶的分化；"茎"有节和节间，节上7~8枚小枝叶状轮生。轮藻外形很像高等植物中的木贼

轮藻（李恩香/摄）

和金鱼藻，如果不仔细观察，很容易把轮藻误认为是金鱼藻。由于金鱼藻科的叶为1~4次二叉状分歧，与轮藻具有明显的区别。轮藻是藻类中的高等类群植物，其高等性除了体现在植物体有类似根、茎、叶的分化外，最具特色的是它的繁殖器官和繁殖方式。藻类植物中营养繁殖和无性（孢子）繁殖是主流繁殖方式，有性繁殖一般没有繁殖器官，而轮藻生活史中没有孢子繁殖，仅有营养繁殖和有性繁殖，其有性繁殖中出现特殊的繁殖器官——藏精器和藏卵器，使其更接近高等植物。

轮藻生活于淡水中，分布广泛，可见于池塘、水田、小溪沟中，特别是含有钙质和硅质的水中，在有黏泥和流动缓慢的池塘中生长繁茂。由于轮藻常成片生长，农业生产中常把它视为"杂草"。而在一定富营养化的水体中，它有净化水体的作用。轮藻还可以用于室内观赏鱼类的养殖中，与其他水生植物构建稳定的小生境。轮藻还有较高的药用价值，在《中药大辞典》中被称为"鱼草"，其药材基源为轮藻的藻体，具有祛痰、止咳、平喘的功效，主治咳嗽、痰多、胸闷等。

（执笔人：李恩香）

　　杨柳依依，傍水而生。柳树虽然有很多种类，但仔细观察，会发现能够在水中长期耐受水淹的种类并不多，以重庆南川命名的南川柳是柳树中的另类。

　　南川柳是杨柳科柳属的乔木，其幼枝有毛，后无毛。叶披针形、椭圆状披针形或长圆形，上面亮绿色，下面淡绿色，远看如白色一般，边缘有整齐的腺锯齿；叶柄有短柔毛；托叶偏卵形，有腺锯齿。花与叶同时开放；雌雄异株：雄花序长3.5~6厘米；花序梗长1~2厘米；轴有短柔毛；雄花上仅有3~6枚雄蕊，基部有短柔毛；苞片卵形，基部有柔毛；花具腹腺和背腺，形状多变化，常结合成多裂的盘状；雌花序长3~4厘米；穗状着生多数雌花，雌花上子房狭卵形，花柱2裂；腹腺大而抱柄。蒴果卵形，长5~6毫米。花期3~4月，果期5月。江西、湖南、重庆、四川、福建、贵州、广东、广西、湖北、河南、陕西、甘肃、安徽、浙江、江苏、上海等省份的平原、丘陵及低山地区的河边都有分布。

　　南川柳不算是水生植物，没有芦苇、莲、水松那样发达的通气组织，由于人为因素，原本生活在岸边的植物被

南川柳（李振基/摄）

库区水淹，或被河道堰塞所淹，这时，其他植物陆续被淹死，而南川柳能够挺过来，半年甚至多年顽强地生活着，开花结果。

南川柳之所以能够这么坚强，在于其有耐淹生理机制：在水淹之后，体内的丙二醛、脯氨酸、抗氧化酶等含量都提高，适应水淹后才逐渐降低，在水淹70厘米的树干基部还能够坚持着。

在许多库区，消落带的生态恢复是一个大问题，这些地方选用南川柳、枫杨、乌桕这类能够耐水淹，也能够耐旱的树种进行绿化。

（执笔人：李振基）

　　笔者曾经到过江西婺源饶河源国家湿地公园的鹤溪段,在那历史上岳飞领兵驻扎过的地方,如今有一片粗大的枫杨林,当然也还有樟树、朴树等树木。那里如今成为珍稀濒危的蓝冠噪鹛的繁殖地之一,也是鸳鸯等常年栖息的地方。当地人爱鸟,不会去打扰鸟的生活,蓝冠噪鹛在枫杨树上筑巢,小鸟长大了,直接成群在水中洗澡,呈现一派优雅风光。

　　实际上,在黄河以南的很多河滩上,你都能够看到枫杨。它很耐水淹,就算是根系被水泡着,也没有什么大碍。除了这些地方,它在城市园林绿化中出镜率很高。很多地方的水系绿化中和森林公园里都有它们的身影。它的特征很明显,所以我们也能轻易把它给识别出来。一是它的叶子很特别。一般来说,枫杨的外形很有辨识度——柔软的长椭圆形叶片,在叶轴两侧排布形成羽状复叶;与其他植物的羽状复叶不一样的是,枫杨在叶轴上有翅。二是其果实是有翅膀的坚果,成串垂下,十分有特色。唐代诗人张继《枫桥夜泊》中的"江枫"很可能是枫杨,而不是枫香树(*Liquidambar formosana*)、槭树(*Acer* spp.)

枫杨（江凤英/摄）

或乌桕。

枫杨（*Pterocarya stenoptera*）是胡桃科枫杨属的湿生植物，它是胡桃的亲戚，其属名 *Pterocarya* 的意思是"有翅的山核桃"。枫杨可以高达30米，胸径达1米；幼树树皮是平滑的，但长粗后，会纵向深裂；芽具柄，密被锈褐色盾状着生的腺体。叶为一回羽状复叶，叶轴具翅；小叶6～25枚，对生或稀近对生，长椭圆形，基部稍歪斜，边缘有向内弯的细锯齿。雌雄异花，雄性柔荑花序长6～10厘米，单独生于头一年生的枝条上的叶痕腋内，雄花常具1～3枚发育的花被片，雄蕊5～12枚；雌性柔荑花序顶生，长10～15厘米。果序长20～45厘米，

069

果实长椭圆形；果翅狭，具近于平行的脉。花期4~5月，果熟期8~9月。

笔者在察看台风损失的时候，经常会惊喜地发现小溪旁的枫杨树平安度过了新的一轮台风侵袭。它之所以能这般坚强，一是它的枝条柔韧性非常好；二是生命力非常的顽强；三是根系宽广，耐水性好。因此，它可以在各种水边的生长环境前提下，在台风带来的狂风暴雨下依然能够坚挺。在每年台风都会来上几轮的江浙地区，在溪水边能活上一百多年的大树也是相当的不容易，当得一声"树坚强"。

枫杨的果实是翅果。成熟时，翅果凭借风力，可以来到大树树荫之外的地方。

（执笔人：陈斌）

水蓼俗称辣蓼，属于蓼科蓼属挺水植物。

水蓼分布于我国南北各省份。从低海拔的河漫滩、水沟边到海拔3500米的山谷湿地都有分布。北半球温带至热带地区广泛分布。在台湾主要见于低海拔平原地区。

水蓼是沉水植物，也是挺水植物，普遍长在田埂及湿地水岸边，或湖泊水塘的岸边，以及水塘入水口与出水口附近，耐水淹。

水蓼（李振基/摄）

水蓼为直立一年生草本，高50～60厘米；茎无毛，多分枝，节膨大，成熟株节下有红环；叶互生，全缘，披针形，具腺点，叶有柄，托叶鞘管状抱茎，上端缘毛疏而短；花季主要为夏季，花序穗状，花淡红色，合瓣花，花被4～5裂；雄蕊长于雌蕊，雄蕊5枚，雌蕊柱头二叉，不凸出花被，花卵形；瘦果黑色，卵形具棱。

我国自古亦将水蓼视为民俗植物，以其辛辣特性酿制水酒，调制辣味剂为食物佐味。乡间还应用于杀虫虱、散瘀止痛、外敷毒蛇咬伤、除湿热。中医亦应用在解毒消肿、祛风寒等病症的消解。在台湾应用较少，早年也有人割取水蓼，布置家禽孵蛋的窝，藉以除祛羽虱。

可以想象以前的农业社会，水蓼是一种除之不尽的野草，田间到处泛生，农人辛苦除草，但只要一个休耕期，田地又是长得满满的野草，水蓼自是其中之一，所以自然衍生出许多应用它的方法。时至今日，生活带来的含磷污水、工业上含重金属废水排放，大量污染水域；乡间沟渠到处水泥化，加之农田除草剂大量被使用，在野外要找到水蓼都变得不容易，自然也再无听闻其应用了。

野外观察时可能会发现，它和别种蓼科植物有时不容易区别，如它与伏毛蓼（*Persicaria pubescens*）植株颇相似。水蓼茎光滑，伏毛蓼茎有毛，雄蕊8枚，雌蕊3叉。它的沉水生长植株虽较倾向为绿色，有时也会有红色，形体却与柔茎蓼（*Persicaria kawagoeana*）类似，两者也不好区分。蓼属植物变化大，同一种在不同成长期、不同环境，都可能有截然不同的形态，只有多接触，多观察比较，才能清楚掌握。

（执笔人：李两传）

眼子菜起源古老，其化石最早见于第三纪始新世，被视为单子叶植物中的原始类群。眼子菜叶片不镂空却有着网叶草般的质感，在水中飘摇，犹如一片片水中摇曳的竹叶，翩然起舞，与水中的其他生物一起，共同构成了迷人的水下世界。

眼子菜是眼子菜科眼子菜属多年生水生草本植物。其根茎发达，白色，多分枝，常于顶端形成纺锤状休眠芽

眼子菜（李两传/摄）

体，并在节处生有稍密的须根。茎圆柱形，通常不分枝。浮水叶薄革质，卵状披针形；叶脉多条，弧形；沉水叶狭披针形，草质，早落。穗状花序顶生，具花多轮，开花时伸出水面，花后沉没水中；花序梗稍膨大，花时直立，花后自基部弯曲；花小，花被片4枚，绿色；雌蕊1~3枚。果实宽倒卵形。花果期5~10月。

眼子菜属100余种，分布全球，尤以北半球温带地区分布较多。在我国有30余种广泛分布于各地区。眼子菜适应生存于pH值弱酸性至中性的池塘、沟渠和水田中。常见种类为小眼子菜、单果眼子菜（*Potamogeton acutifolius*）、菹草、鸡冠眼子菜、眼子菜、微齿眼子菜、竹叶眼子菜、穿叶眼子菜等。

眼子菜通过对污染河道的氮、磷元素的吸收，同时富集并消解重金属的危害，可以净化水体、充分调动河道的底质肥力、加速氮磷循环、丰富水中营养盐、提高水体生产力。眼子菜在冬季可以在富营养水体中大量繁殖，对治理河道水体污染有重大意义，是冬季至初夏期间净化水质的主要水生植物。

作为典型的沉水植物，眼子菜有较好的环境适应性和抗逆性，能够通过根际作用促进根际微生物生长，改变微生物群落结构，进而提高对河道有机物的降解能力，可考虑将其用于水体有机污染的植物修复。

眼子菜又名"牙齿草""牙拾草""金梳子草"等。全草可入药，具清热解毒、利尿、消积之功效。眼子菜所含有的糖苷类、多糖类、挥发油、蛋白质、脂肪、氨基酸、纤维素、类胡萝卜素具有较好的抗癌、抗氧化、抑菌抗炎等药理作用。

（执笔人：陈佳秋、安树青）

汀江是自然程度较高的一条河流，从龙门出发一直到羊牯，蜿蜒曲折，河流两岸基本上处于自然状态，沿岸有些河段的堤坝上还有枫杨、乌桕等大树，鸭子可以在河道中悠游。笔者有一年到长汀考察，从县城出发，沿汀江驱车南行，到蔡坊大桥往河道中一看，墨绿色一片。仔细一看，河道中长满了眼子菜科的竹叶眼子菜和水鳖科的苦草。江水是流动着的，但竹叶眼子菜的庞大根系牢牢抓住

竹叶眼子菜（李振基/摄）

了河底的泥沙和基岩，枝叶细长，随流晃动着，以长条形的叶片把阻力降到了最低。此时是9月，竹叶眼子菜仍然开着花，花序从枝条的叶腋处长出，露出水面，靠水来帮助传粉。

竹叶眼子菜又名马来眼子菜，是多年生沉水草本。根茎发达，节上生多数须根。茎圆柱形。叶全部沉水，长椭圆形，叶边缘浅波状；叶脉明显；托叶抱茎，托叶鞘开裂。穗状花序腋生，花密集，每轮3花；花小而有点黄绿色。花果期6~10月。

除宁夏、西藏未见报道外，竹叶眼子菜分布于我国南北各省份。印度、俄罗斯、朝鲜、日本、澳大利亚及西亚、东南亚、非洲也都有分布。在水深方面，其耐受范围很广；一般在水深1~4米的范围中均有分布，甚至在云南洱海可以长在水深8.6米的区域。

水质方面，其从贫营养到富营养，从弱碱性到弱酸性的水体中都有分布。在流速方面，竹叶眼子菜在湖泊、池塘、灌渠、河流、缓流山溪、泉池、水库等静水水体和流水水体中都能繁茂生长，对水流有较强的耐受性。

自然状况下，竹叶眼子菜主要依赖无性繁殖来实现种群的更新与扩展，地下根茎及其上形成的块茎状芽体是主要的营养繁殖体。

竹叶眼子菜对不同光照强度和浊度的耐受性极强，故常常作为弱光型或高浊度湿地生境中生态修复的先锋植物。竹叶眼子菜适合用于室内水体绿化。作为大型水草，竹叶眼子菜需要一个比较大的缸体，底沙也要足够厚；对于灯光，竹叶眼子菜要求不高。

竹叶眼子菜全草还可作为饲料，亦能入药，具清热明目之功效。

（执笔人：李振基）

从我国东北到华南，无论在天然的小河、池塘，还是城市湿地、人工水景中，人们都容易见到一种像韭菜那样叶子线形、宽1厘米、长20厘米至1米多的沉水植物，它就是苦草。

笔者第一次看到苦草开花，是在一个公园的浅水池塘里；当时看到它几十厘米长的花梗像弹簧螺旋状地从水底延伸上水面，就想到海菜花的雌花佛焰苞在开花后作螺旋状扭曲，把花序拉到水底发育成果实的情形。苦草和海菜花都是水鳖科的植物，笔者想了解苦草的雄花和雌花有什么不同，却发现苦草从水底放长线升上来的全是雌花，为什么会不见雄花呢？笔者查了植物志才知道，苦草和海菜花一样是雌雄异株的，但是它的雄花佛焰苞梗很短，长度仅1厘米左右，生于植株基部的叶腋中，因此不会伸到水面。

苦草的雌雄花的佛焰苞差异太大了，雌花和雄花一个漂向水面，一个沉在水底，它们是怎样传粉授精的呢？好奇心驱使笔者去探究其中的奥秘。苦草属（*Vallisneria*）在我国只记录有三个种，雄花只有一枚雄蕊的是苦

苦草（吴双/摄）

草，有两枚雄蕊的是刺苦草和密刺苦草（*Vallisneria denseserrulata*），后两者叶缘的小刺密度不同，准确区别则要看种子的表面是光滑还是有翅。

笔者在南宁郊区的一条小河观察密刺苦草，湍急的水流把所有雌花的佛焰苞梗都拉直了，几乎看不出它们卷曲的原型。笔者在水中翻了半天，都没有找到其一个成形的果实，估计它们在急流中没有机会传粉成功。但是，这条小河中的密刺苦草却生长茂盛，因为它们的地下茎很发达，每一株都会横向发展长出几个新的植株，以无性繁殖弥补不能有性繁殖的缺陷。因此，小河里有长长的佛焰苞的雌株长成一片居群，而没有佛焰苞浮上来的那一片居群，拔起来看必然就是雄株。

笔者挖了几株密刺苦草养在小鱼缸里观察，几天后雄佛焰苞成熟，释放出来的众多雄花蕾小如针尖。在显微镜头下观察，每个雄花蕾拖着一截花梗，雄蕊包在透明的萼片里，就像一个微型蒜头。雄花浮到水面后，过一段时间萼片才会打开，露出两枚雄蕊，每个雄蕊上有十几粒珍珠般晶莹剔透的花粉，它们会散落在水面上。苦草属是水媒传粉的，不可能有昆虫能在这么微小的雄花上立足携带花粉。再看雌花的结构：每个佛焰苞内只有一朵花，花萼包着子房，三枚萼片包着的三裂再二裂的毛茸茸的柱头；退化的花瓣位于三枚萼片之间，小到肉眼看不见，柱头上的绒毛无疑有利于捕获水面上漂浮的花粉。

笔者到公园里的静水池塘里进行观察，发现这里的苦草传粉比较容易成功，只要水位不是太深，雌花就能够浮到水面开放。如果说苦草长长的雌佛焰苞梗会如同放风筝一样让雌花漂浮到水面上，那么长在植株基部的雄佛焰苞从水底把数百朵雄花释放出来，就像是放飞大量的气球，让它们自由上浮，漂在水面上开放。数量众多的雄花总会有一些能与雌花在水面相遇对接，花粉投入柱头毛茸茸的怀抱，便完成了有性繁殖的关键一步。授粉后的子房会在水下发育成约3厘米长的果实，成熟后花梗腐烂，果实漂在水面上。笔者解剖看到果实里的十几粒种子表面是光滑的，这是密刺苦草的特征。

植物器官的形态决定其功能，虽然苦草的雌花和雄花形态不对称，但是它既可在静水池塘进行有性繁殖，也可以在急流中进行无性繁殖，对不同环境的适应体现了苦草的生存智慧。这正是它们能在我国的大江南北的不同水域蓬勃生长的原因。

在自然水体中，苦草是鱼、虾、螃蟹等水生动物的食料，有些地方的农村还打捞苦草作为养猪的青饲料。现在，苦草主要作为城市公园水池、湖泊的造景植物，它对净化水质有特殊的作用。

（执笔人：吴双）

对环境适应能力较强的水草

——旋苞隐棒花

　　我国南方的野生鱼爱好者喜欢在水族箱中养一种叫"椒草"的沉水植物，它柔软细长的叶子完全沉浸在水中，既可装饰水箱又能进行光合作用，补充水中的 O_2，备受水族爱好者喜爱。但是在植物志书中它并不叫"椒草"，它的中文名叫旋苞隐棒花（*Cryptocoryne crispatula*），为天南星科隐棒花属的物种，"椒草"是水族爱好者对这个属的植物的俗称。

　　"椒草"来自哪里？为什么还有一种水草叫"八仙过海"？原来，这种水草在广西南宁的邕江中生活。2016年11月，笔者在南宁郊区的邕江边第一次见识了旋苞隐棒花。它带角质的叶子只有十几厘米长，下半截被淤泥掩埋，上半截叶片平摊在地面上。笔者挖开其根部的泥土，发现旋苞隐棒花的花序很特别，其佛焰苞从叶腋中直立向上长出，高约10厘米；靠近基部有一段长约2厘米的膨大部分，这是花序的居室，用刀剖开可见里面纤细的肉穗花序，结构与园林中常见的海芋相似；居室上方是密集的雄花序，中段秃裸，下方由几朵雌花聚合成子房为卵球形的雌花序；花序室上方是一段数厘米长的花序管，管顶端

旋苞隐棒花（吴江/摄）

打开的檐部螺旋状扭曲，有明显的紫色斑纹，仿佛一颗尖头向上的大螺丝钉。

从形态结构方面看，中空的花序管明显是为了让小昆虫钻进来帮助传粉，花序室的上方有活动隔片阻拦，可防止浸水时对花器的损害。生长在不同环境的旋苞隐棒花居群形态差异很大，有的地方佛焰苞全部比叶片长，而长在另一个地方的佛焰苞都比叶片短，似乎就像"南橘北枳"的情形。

旋苞隐棒花在冬季水位下降时开花，佛焰苞从水下长出来；没有伸出水面之前，檐部紧闭，伸出水面之后才会为小昆虫开放通道。分布于云南思茅和越南、老挝的一个变种叫八仙过海（*Cryptocoryne crispatula* var. *yunnanensis*），它没有多余的细管，花序室上方就是张开的螺旋状檐部，它适应浅水环境。分布于广西田阳和广东从化喀斯特地貌的河道中或河边湿地，有一个变种为广西隐棒花（*Cryptocoryne crispatula* var. *balansae*），由于河水太深，其叶子和佛焰苞的长度都可超过50厘米。笔者在解剖一个管口打开后被水淹没的佛焰苞时，发现花序室里面有几只被淹死的水蝇类昆虫。

在广西都安县喀斯特地貌的季节性河流中生长的旋苞隐棒花在水下绝不长花，只有露出水面才会抽出佛焰苞，冬季整个河底变成了它的专属草地，它们可以在完全干涸的河床上遍地开花，由此可见，不同居群的旋苞隐棒花对环境的适应能力是非常强的。

东南亚是各种隐棒花的主要分布地，在中越边境的广西防城港市的小河里，到处可见叶子细长、佛焰苞也细长的北越隐棒花（*Cryptocoryne crispatula* var. *tonkinensis*）自由自在地茁壮成长；而当地另一个珍稀物种就没有这么幸运，植物爱好者何恒巍2009年在一条小溪里发现了宽叶隐棒花（*Cryptocoryne crispatula* var. *planifolia*），它是一个新种，但是由于环境破坏，没有来得及收入植物志就濒临灭绝了，十分可惜。

（执笔人：吴双）

如果要用水生植物来净化河道的话，黑藻是很好的选择。笔者在野外的清澈河道中见到过黑藻，在有一定污染的河道中也见到过黑藻，在湖泊、河流、潟湖、水沟等环境中都能够见到其身影，黑藻帮助净化了河道，而不邀功。

黑藻属于水鳖科黑藻属的多年生沉水草本；茎细长，长达50~80厘米；叶带状披针形，无柄，边缘有小锯齿。该种还有一个光果黑藻变种，具有直立和匍匐的两种茎：直立茎伸长，少分枝，茎干圆柱形，表面有纵向细棱纹，质脆易断；匍匐茎由直立茎基部的叶腋处产生，横走于水底表层的淤泥中或淤泥的表面。光果黑藻与黑藻极相似，是黑藻属的一个变种，常与黑藻混生。二者的主要区别在于：黑藻的休眠芽为长卵圆形，芽苞叶狭披针形，边缘锯齿大而明显；而光果黑藻的休眠芽为长椭圆形，芽苞叶为卵圆形，边缘锯齿小而不明显。

黑藻生长的适宜水深为0.5~3米，常见于大江南北的静水或缓流水水域中，广布于除南极洲以外的热带、亚热带、温带大陆地区，适应性强，可以随环境条件变化而

黑藻（李振基/摄）

变化，能够耐受光照不强、浑浊、贫营养或富营养化。

　　黑藻具有极强的耐污性，同时自身的净化能力又使其成为水生植物恢复过程中的先锋物种，其根茎叶吸收和富集养殖水体中氮、磷等营养元素，可在一定范围内降低总氨氮和亚硝酸盐含量，提高水体透明度；光合作用强，提高溶解氧含量；吸收水中的 CO_2，维持或提高 pH；由于降低了水体中氮、磷的含量，可以有效抑制藻类的过度繁殖。黑藻的生长对池塘生态系统的净化起到重要作用，可保持水体"肥、活、嫩、爽"。

　　在水产养殖上，光果黑藻能有效地吸收池水中的污染物质，改善水质，根、茎和叶都是草食性鱼类和河蟹的适口性青饲料，还能为河蟹提供栖息、繁殖和庇护场所，可以避免河蟹自相残杀。同时，光果黑藻的根、茎和叶都是河蟹的适口性青饲料，能够提高河蟹的品质。另外，黑藻可移植也可播种，栽种方便，枝茎被河蟹夹断后还能正常生根长成新植株，不会对水质造成不良影响。因此，黑藻是河蟹养殖水域中极佳的水草种植品种。

光果黑藻的叶色深绿，株型美丽，可作为水族箱内良好的沉水观赏植物，也可用盆沉水栽培作小型水景点缀观赏，现已广泛应用于水族造景。

（执笔人：黄义强、张文广）

能横跨江河的水上藤蔓
——水龙

　　笔者在福建湿地调查过程中经常看到水龙，印象最深的是在桃溪国家湿地公园中调查，到了上游河道中，发现密布水龙，那里水龙长势非常好。

　　水龙（*Ludwigia adscendens*）是柳叶菜科植物，又名"猪肥草""过江藤""过塘蛇""草里银钗""玉钗草"，是多年生浮水或上升草本。浮水茎节上常簇生圆柱状或纺锤状、白色海绵状贮气的根状浮器，具多数须状根；浮水茎长可达3米，所以可以延伸到很远，直立茎高达60厘米。其叶差不多为椭圆形，有点肉乎乎的，很可爱。其花单生于叶腋；花瓣淡黄色，远看点缀在绿叶之中。果为蒴果，果皮薄，成熟时不规则开裂。花期5~8月，果期8~11月。花果期都长。

　　水龙属于泛热带分布植物，所以在北方自然生境中看不到，产于我国亚热带南部亚地带至热带海拔100~1500米的河流、水田、浅水塘、溪沟中，也分布于印度、斯里兰卡、孟加拉国、巴基斯坦、印度尼西亚、澳大利亚（北部）及中南半岛、马来半岛。

　　由于水龙的浮水茎可以长得很长，直立茎也可以从水

水龙（李振基/摄）

面上蜂拥而上，在水中的节上常簇生海绵状贮气的根状浮器，所以可以延伸到很远。

在园林造景中可以群体形式种植于水体的边缘，或利用浮岛种植在水体中央；在水体边缘或岸边湿地配置，让其群体向水体中央延伸；或在水体中央种植，让群体从圆心向四周扩散。为了限定造景区域，有必要设置框定结构。盆栽可形成悬垂状，观赏效果好。可以在3~4月进行播种繁殖，控制温度在20~25℃，待苗出齐，再进行移植。也可以分株繁殖，繁殖的时间为春、夏两季。

全草可入药，有清热利湿、解毒消肿的功效，可用于感冒发烧、麻疹不透、肠炎、痢疾、小便不利；外用治疗疮脓肿、腮腺炎、带状疱疹、黄水疮、湿疹、皮炎、狗咬伤等。

（执笔人：李振基）

溪岸边的湿生蕨类

——菜蕨

在我国亚热带一直到海南的山地溪边阴湿的沙石滩上，经常能够看到一种叶片比较宽大的蕨类植物，其叶片黄绿色。很多人也会采来吃，其嫩叶与叶柄鲜嫩爽脆，清香独特，味美可口。这就是菜蕨。

菜蕨是蹄盖蕨科双盖蕨属的多年生蕨类植物，其根状茎直立，密被鳞片。叶簇生；叶片三角形，长60～80厘米或更长，宽30～60厘米，顶部羽裂渐尖，下部为一回或二回羽状；羽片有12～16对，互生，斜展；小羽片8～10对；叶脉在裂片上呈羽状，小脉有8～10对，斜向上，下部2～3对通常联结；叶坚草质，两侧无毛，叶轴平滑，羽轴上面有浅沟。孢子囊群多个，线形，稍弯曲，几生于全部小脉上，达叶缘；囊群盖线形，膜质，黄褐色，全缘；孢子表面具纹饰。分布于热带至亚热带地区海拔100～1200米的山谷溪边、河岸潮湿地和沙地。

菜蕨的根状茎与叶柄都接近于光滑且表皮如蜡质，可以生长在水分过饱和的砂石土壤中而不受水的影响。在生长过程中，幼小的时候，其以拳卷状把幼嫩的生长点保护在拳卷叶的中间，可以升高里面的温度，避免开春受低温

菜蕨（李振基/摄）

的影响；在繁殖策略上，菜蕨通过叶背面一个个的孢子囊群里面的孢子囊产生数以亿计的孢子来萌发出配子体，可以以多取胜。

菜蕨在幼嫩的时候，其硝酸盐和亚硝酸盐的含量都很低，而维生素C的含量较高，是人类青睐的野生蔬菜之一，在我国广东梅州、贵州荔波、台湾南投等地都已有栽培。

菜蕨能大量富集锰，人类可以利用其这样的特性，对锰含量超高的地块进行富集。

（执笔人：李振基）

盐碱地生态恢复的好帮手
——多枝柽柳

当笔者驱车前往新疆尼雅国家湿地公园时，一路上和在湿地公园的周边都可以看到一片片开着粉红色花的植物，这些植物就是多枝柽柳。

多枝柽柳呈灌木或小乔木状，高1~6米，老干和老枝的树皮为暗灰色，当年生木质化的生长枝淡红色或橙黄色，长而直伸，多分枝，第二年生枝则颜色渐变淡。叶两型，老的木质化生长枝上的叶披针形；嫩的绿色营养枝上的叶短卵圆形。总状花序生在当年生枝顶，集成顶生圆锥花序。蒴果三棱圆锥形，看起来像小瓶子。花期5~9月。

多枝柽柳以新疆荒漠中湿地边缘分布为主，在西藏、青海、甘肃、内蒙古和宁夏荒漠区域湿地也有分布。生于河漫滩、河谷阶地上，沙质和黏土质盐碱化的平原上，沙丘上，每集沙成为风植沙滩。东欧、中亚及伊朗、阿富汗和蒙古也有分布。

多枝柽柳和其他柽柳属的植物都生长在河流源头或海边或荒漠的湿地中，耐盐碱，耐寒，耐旱，是沙漠地区盐化沙土上、沙丘上和河湖滩地上固沙造林与盐碱地上绿化造林的优良树种。其开花繁密而花期长，也是最有价值的

多枝柽柳（李振基/摄）

居民点的绿化树种。

柽柳的叶细小，枝细，弹性强，在西北或沿海，再大的风沙都可以经受。其根系发达，有水的情况下可以耐水淹；水位降低的情况下，根可以一直长，以获取不多的水分。它还有耐盐碱的妙招。万一被风吹折了，还可以萌生更多的枝条出来，生命力极强。开花季节，它颜色鲜艳，招引小昆虫来帮助传粉；种子细小，有毛，可以被风带到远方，在我国大西北、华北和内蒙古都有柽柳家族的身影。所以，柽柳家族是全国各地比较低调的湿地植物。

（执笔人：李振基）

　　水田是湿地生境之一。早在夏朝，就已经有了《夏小正》这样的农书，在1400年前贾思勰编写《齐民要术》时，已经把稻、小麦（*Triticum aestivum*）、芋、红蓼、桑（*Morus alba*）、毛竹（*Phyllostachys edulis*）等种植标准化了，以稻为例："先放水，十日后，曳辘轴十遍。遍数唯多为良。地既熟……稻苗渐长，复须薅。拔草曰'薅'。薅讫，决去水，曝根令坚。量时水旱而溉之。将熟，又去水。"可以看出，人类让水田土壤熟化，让水稻可以健康生长，也为众多水草的发芽、出苗奠定了良好的基础。所以，鸭舌草、圆叶节节菜、鸭跖草、毛草龙（*Ludwigia octovalvis*）、丁香蓼（*Ludwigia prostrata*）、谷精草、野慈姑、稗（*Echinochloa crus-galli*）、蘋、槐叶苹、满江红、浮萍等湿地植物也一年又一年相伴我们至今。另外，人类也在水田生境中种植莲、慈姑、菱、芡、茭、蕹菜等作为粮食或蔬菜，以确保产品多样化。

到水田中看湿地植物

水润草木——湿地植物

出淤泥而不染的植物
——莲

2003 年 8 月 7 日，应建宁县林业局邀请，笔者到闽江源自然保护区进行考察，在建宁县金铙山麓看到了大面积的荷塘：荷叶荷花恣意生长，高低错落有致，一阵微风吹来，绿色的荷叶翻滚；荷叶海洋中点缀着千姿百态的荷花，有的含苞待放，有的娇艳欲滴，有的花枝招展，二者交相辉映；盛开的荷花花瓣粉红色，远远可以看到花中的莲蓬和雄蕊；有些花瓣已经凋落，垂下的雄蕊的花丝陪伴着莲蓬，莲蓬中已经孕育了莲子，但此时还不够饱满，还没到采收的时节。

这里就是《红楼梦》中提到的建宁府西门贡莲的产地，每到莲子成熟时，农民会采摘莲蓬回家，从莲蓬中挑出莲子，然后剥去莲子外层的保护膜，再用锥子挤出莲心，将莲子烘干收藏。笔者在建宁品尝了莲子，鲜吃，有淡淡的清香；当年干的莲子也可以生嗑，莲子很容易就碎在口中，满嘴生香。笔者在餐馆中品尝了蒸莲子和莲子银耳羹，莲香浓郁，令人回味。

莲是大家司空见惯的植物，许多人都为莲的出淤泥而不染所折服，也都吃过莲子与莲藕，但却未必那么清楚莲

莲（李振基/摄）

的结构与各部分名称。在最早的辞书《尔雅》和李时珍的《本草纲目》中是这么区分的：莲叫荷，也叫芙蕖，尚未张开的花苞叫菡萏（函合未发之意），已经张开的花叫芙蓉（敷布容艳之意），莲的叶柄称为荷（有负荷叶、花、莲蓬的意思），也叫茄（茄音"加"，加在茎上的意思），叶叫蕸（离蔤很远的意思），莲的茎叫藕（花叶相伴偶生，所以茎称为"藕"，也有认为藕善耕泥，藕有耕的意思），嫩而带芽的藕叫蔤（功成不居，退藏于密），莲的实叫莲（莲是指花实相连而出的意思），莲子称为菂（菂是"的"的意思，莲子在莲蓬中点点如"的"），莲子中绿色的芯叫薏（薏是"意"的意思，指心中存苦意）。

　　从现代的植物形态学角度看，我们吃的藕是莲的根状茎，茎是一节一节的，有节与节间，节的地方会紧实一些，在节上生黑色的鳞状叶，节的下方生须状的根；节间肥厚膨大，里面并行很多大大小小的圆形通气孔道。夏天从节上往前往地面发芽，有叶芽与花芽之分，也会在水平方向继续长根状茎的分支。叶近圆形，盾状着生在叶柄上，全缘稍呈波状，上面看起来光滑，实际上布满了由叶表皮细胞组成的细微的瘤状突起，具有防水效应；叶脉在叶下面凸起，从中央往外射出，并有二叉状分枝，从粗到细，起支撑与运送物资的作用；叶柄粗壮，圆柱形，里面一样有大大小小的管道与根状茎相呼应，外面散生小刺。花梗和叶柄等长或比之稍长，也散生小刺；花被片还没有明显的花萼花冠的分化，从外向内在色泽与大小上逐渐过渡，色泽为红色、粉红色或白色；雄蕊的花药条形，花丝细长，着生在花托之下；花柱极短，柱头顶生；花托（莲房）直径5~10厘米。坚果椭圆形或卵形；果皮革质，坚硬，熟时黑褐色。种子（莲子）卵形或椭圆形，种皮红色或白色，成熟了可以成为菜肴或滋补的中药。花期6~8月，果期为8~10月。

当我们掰开莲藕后可以见到明显的丝状物，其实就是来自螺纹导管细胞的次生加厚的细胞壁。因为这种加厚方式是呈螺旋方式环绕在导管壁上，在莲藕被折断并拉开后，导管随之被折断，但加厚的导管壁并不会轻易断裂，而是像弹簧一样随之被拉伸，便形成了我们肉眼可见的丝。这就是我们通常说的"藕断丝连"。

与很多水生植物一样，莲是分布很广的。全世界有2种，莲产于亚洲和大洋洲，美洲莲（*Nelumbo lutea*）产于美洲。

莲在我国南北各省份都有分布，广为栽培，品种已超过2000个，根据用途可分为花莲、藕莲和子莲三大品种类群。其在淤泥深厚的池塘或水田里面可以长得很好，在三江平原的沼泽湿地中还有野生的莲。福建建宁、武夷山，江西石城、宁都、广昌、永丰是白莲的著名产地，出名的莲藕产地有湖北洪湖、蔡甸、嘉鱼、浠水，河南新郑、磁县，广东珠海、南沙，山东章丘、河东，山西洪洞、闻喜、曲沃、襄汾，广西覃塘、宾阳、柳江，重庆永川，贵州安龙等。

莲不仅可以食用和药用，由于自古以来人们对莲的欣赏，其种植也已经有成熟的方法，早已是湿地中重要的景观植物。

（执笔人：李振基、张继英）

到水田中看湿地植物

清苦果腹的食物
——慈姑

　　生活在江南的人，既坐拥"日出江花红胜火"的良辰美景，又享有"桃花流水鳜鱼肥"的丰饶物产，就连郊外野塘也有"水八仙"飨客。在"水八仙"中，唯独慈姑个性强烈，不合群，且不说其味道微苦，跟别的蔬菜同煮，慈姑反而更加清苦涩口。

　　《本草纲目》记载其"一根岁生十二子，如慈姑之乳诸子，故名。"慈姑即是慈母，一个球茎能分出很多小球茎，小球茎再逐渐长大成熟，就像母亲哺育孩子们一样，所以得了"慈姑"之名。

　　慈姑属泽泻科挺水植物，共有约30种，广泛分布于温带和热带地区。我国有9种，其中以慈姑和野慈姑最为常见；南方各地常有栽培，并收取其球茎供食用。如今我们常食用的慈姑是从野慈姑驯化而来的变种。与野慈姑相比，其叶片显得更加宽大肥厚，食用部分的球茎也更白胖。作为一种水生的草本植物，慈姑的叶基生，叶片也分沉水和挺水两种。沉水叶片线形，挺水叶片箭形。每株慈姑长有十多个匍匐茎，每个匍匐茎的先端又可膨大形成一个长圆形的球茎。球茎上分布着几条环状节，顶端有肥大

野慈姑（李振基/摄）

的顶芽"慈姑嘴"。

慈姑起源于中国，南北方均有种植，南方栽培面积较大，江苏的宝应县更是被称为"中国慈姑之乡"。在江苏宝应县，慈姑种植有着悠久的历史，慈姑在唐代即被列为朝廷御用贡品，在清代被列为重要土产，三年困难时期更是百姓的救命粮。慈姑在华南地区的品种为广东白肉慈姑、沙姑，以及广西的梧州慈姑等。慈姑有很强的适应性，在各种水面的浅水区均能生长，要求光照充足、气候温和、较背风的环境；宜在土壤肥沃，但土层不太深的黏土上生长。风、雨易造成其叶茎折断，使球茎生长受阻。

陆游诗云"掘得慈姑炊正熟，一杯苦劝护寒归"，慈姑的味道偏清苦，不仅富含淀粉、蛋白质、膳食纤维以及多种维生素，还具有较好的药用价值，古时是穷人的食

野慈姑（李振基/摄）

物。随着其栽培品种的丰富和栽种技术的成熟，慈姑不再是果腹的食物，其价值也被重新定义。慈姑与肉类搭配最佳，慈姑烧肉便是一道不可多得的美味。慈姑用途广泛，全身是宝，兼具营养价值、药用价值、生态价值等多种价值；还可以作观赏植物装点水体景观；在生产实践中也有多种用途，可用来作饲料、肥料等。

（执笔人：夏雯、安树青）

笔者曾有一次看到一位摄影达人的一张菱照片，发现其叶片排列极美，仔细推敲，判断其叶片是互生的，其相邻叶片之间的夹角是符合美学规律的，即其所有叶片的排列可以归纳出斐波拉契数列。其实很早之前，笔者在福建南靖的湿地中就见过菱，以后在其他湿地中也见过菱，从菱角的叶片排布上也注意到了斐波拉契数列。前不久单位组织植物标本制作比赛，笔者的两位学生也不约而同地选择了菱做成标本，而且把斐波拉契数列的考虑也写在了报告里面，居然想到一起去了。

菱又名"四角菱""乌菱""大头菱""东北菱""丘角菱""格菱""冠菱""弓角菱""四瘤菱""欧菱"。是一年生、根固着型浮叶植物。其根两型：着泥根细铁丝状，着生水底泥中；同化根羽状细裂，裂片丝状。茎柔弱分枝。叶两型：浮水叶互生，聚生于主茎或分枝茎的顶端，呈斐波拉契数列式互生排列在水面成莲座状菱盘，叶片三角状菱圆形，表面深亮绿色，叶边缘具不整齐锯齿，叶柄中上部略膨大；沉水叶小，早落。花小，单生于叶腋，两性；花瓣为白色；花盘鸡冠状。果三角状菱形，表面具淡灰色长毛，二肩角直伸或斜举，刺角基部不明显粗大，腰角位置无刺角，丘状突起不明显，果喙不明显，内具1白种子。花期5~10月，果期7~11月。菱以自花授粉为主，其在一天中开花的时间与原产地有关。

菱产于我国南北各省份水域，各地也都有栽培，生于湖湾、池塘、河湾，日本、朝鲜、印度、巴基斯坦也有分布。

菱的名称很多，翻开电子版《中国植物志》，出现的名字是"欧菱"，这是错误的名称。菱的名称早在汉末陶弘景的《名医别录》中就用了，《中国高等植物图鉴》《中国植物志》《中国高等植物》中都采用了"菱"。尽管拉丁学名按最早出现的名字是*Trapa natans*，但所指的东西就是这一种，不应该另外翻译为"欧菱"，欧洲所产的菱也就是中国所产的菱。所以，笔者建议植物分类学界对于菱的命名按2000年版的纸版《中国植物志》中的进行，改回"菱"这个名称。

中国科学院武汉植物园邱英雄团队对所有菱的野生种类和栽培种类进行了研究，表明大概在一百万年前，菱发生分化，形成了二倍体菱和细果野菱，而后的气候动荡又导致两者在更新世中晚期杂交形成四倍体菱。所有的栽培菱的形成起源于长江流域的野生菱——细果野菱，其栽培驯化历史可追溯到新石器时代（距今约6300年）；在南宋时期得到进一步改良，产生了乌菱、南湖菱等20余个栽培品种，那时菱就已经成为江南地区的主粮之一。

"白马湖平秋日光，紫菱如锦彩鸳翔。荡舟游女满中央，采菱不顾马上郎。""棹动芙蓉落，船移白鹭飞。荷

菱（李振基/摄）

丝傍绕腕，菱角远牵衣。"这些生动描绘了秋游的江南女子采菱的唯美画面。

　　按果角的数目划分，菱角可分为无角菱、二角菱、四角菱。在古代，无角菱则产于嘉兴南湖，又被称为"元宝菱"，二角者被称为"菱"，最常见的品种是乌菱；四角者则称为"芰"，即细果野菱，是重要的农业种质资源，已经列入国家二级保护野生植物。

　　菱的果（菱角）不仅可以食用，还是很好的滋补中药。菱角皮脆肉美，含有丰富的蛋白质、不饱和脂肪酸及多种维生素、微量元素，具有清暑解热、补脾益气、减肥塑身的功效。可以蒸煮后剥壳食用，也可熬粥食。李时珍在《本草纲目》就有记载过食用菱角可以补脾健胃、强健体魄、健力益气。菱角中蛋白和淀粉的含量很高，经常食用可以有效预防肠胃疾病，对于食道癌、胃癌、乳腺癌、子宫癌等都有辅助疗效。菱角含淀粉，但是菱角中不含让人发胖的脂肪，因此还具有减肥健美的作用。

（执笔人：李振基）

清代书画家郑板桥有诗云："一塘蒲过一塘莲，荇叶菱丝满稻田。最是江南秋八月，鸡头米赛珍珠圆。"其中的"鸡头米"指的就是睡莲科芡属植物芡。芡实是芡的果实，因外形酷似鸡头，而被称为"鸡头米"。它最早出现于3000年前，在《周礼》之中便有记载，在《神农本草经》中被列为上品，又名"鸡头子"。

芡是大型的多年生水生草本植物。叶片贴在水面生

芡实（陈炳华/摄）

长，表面褶皱含刺。花直径5厘米；花瓣外面深紫色渐褪至内面的白色。果期8~9月，果实深紫色，球形，海绵质，密具刺，犹如长了刺的大石榴。芡实有南芡和北芡之分。南芡，也称"苏芡"，为芡的栽培变种，地上器官除叶背有刺外，其余部分均光滑无刺，采收较方便；外种皮厚，表面光滑，棕黄色或棕褐色；种子较大，种仁圆整，为糯性，品质优良，但适应性和抗逆性较差。北芡，也称"刺芡"，有野生的，也有栽培的，地上器官密生刚刺，采收较困难；外种皮薄，表面粗糙，呈灰绿色或黑褐色；种子较小，种仁近圆形，为粳性，品质中等，但适应性较强。芡按花色分类，南芡常见的有紫花、白花和红花三种类型，主要作食品；北芡常见的有紫花和红花两种类型，主要作药用。

芡原产于我国以及东南亚地区，分布于中国南北各省份，从黑龙江至云南、广东，生在池塘、湖沼中。

芡具有较强的生态价值，在不同等级富营养化水体中，芡对水体内的各营养物质（总氮、硝态氮、氨氮、总磷）都有明显的净化效果。而且，随着富营养水体浓度的变大，芡的净化效率也逐渐升高。

芡具有较高的食用以及药用价值；其种仁、种皮、叶柄和花梗均可入药，为芡实。芡实在《神农本草经》中被列为上品，历版《中国药典》中均有记载，为芡的干燥成熟种仁，具有益肾固精、补脾止泻、祛湿止带的功效，芡素有"水中人参"和"水中桂圆"的美誉。

（执笔人：戈萍燕、安树青）

菰又名"高笋""菰笋""菰首""茭首""菰菜""茭白""野茭白""茭笋"，为禾本科菰属多年生草本。具匍匐根状茎。秆高大直立，高1~2米。叶片扁平宽大。圆锥花序长30~50厘米。颖果圆柱形。北半球广布。沼生，可见于淤泥深厚的湖泊、河边、沼泽、水田边。在鄱阳湖、洪湖、微山湖、巢湖、洪泽湖、太湖、月牙泡、兴凯湖等地有大面积分布，常见栽培。菰是水生向沼生过渡的一种植物，被认为是湖泊向沼泽演化的指示植物。近年来，鄱阳湖的枯水期较长，湖区内菰的面积明显增大。

菰的经济价值大，其颖果称"菰米"，在古代是"六谷"（稻、黍、稷、粱、麦、菰）之一，有营养保健价值。用菰米煮饭，香味扑鼻且又软又糯。《西京杂记》说："菰之有米者，长安人谓之雕胡。"在唐代，雕胡饭是招待上客的佳品，很多文人墨客钟情于它，如李白有"跪进雕胡饭，月光照素盘"之句，杜甫有"滑忆雕胡饭，香闻锦带羹"之句；王维有"郧国稻苗秀，楚人菰米肥"之句等。

由于菰米的产量很低，现代人们食用的主要是菰的秆基嫩茎。正常生长的菰其秆基是不会膨大的，只有嫩茎被

菰（李振基/摄）

黑穗菌（*Ustilago edulis*）寄生后，才增粗而肥嫩，类似
竹笋，称"茭白"。茭白富含蛋白质、脂肪、糖类、维生
素B₁、B₂、E、胡萝卜素和矿物质等，鲜嫩脆口、质优味
美，是秋季的美味蔬菜。全国著名的茭白产地有浙江缙
云、余姚、磐安，安徽岳西、金寨，四川会理，江苏姑
苏等。

　　菰还具有很高的清热、止渴、通乳、利便功效。菰根
清热解毒，用于消渴、治烫伤。菰实可清热除烦，生津
止渴。

（执笔人：李恩香）

蘋的名字早在《山海经·西山经》之《西次三经》的昆仑山系的文字中就提到了："有草焉，名曰蕡[1]草，其状如葵，其味如葱，食之已劳。"意思是以其养生可以消除疲劳。

在先秦，蘋就已经成为人们生活中重要的食物和祭品。在《诗经·召南》中的《采蘋》一篇就有提到蘋：

于以采蘋？南涧之滨；于以采藻？于彼行潦。

于以盛之？维筐及筥。于以湘之？维锜及釜。

于以奠之？宗室牖下。谁其尸之？有齐季女。

《左传》中也有"古之将嫁女者，必先礼之于宗室，牲用鱼，芼之以蘋藻"的文字。

《本草集解》中解释了蘋的意思："四叶合成一叶，如田字者，蘋也。"

随着时代变迁，食物的变化，礼的变化，如今蘋已经不再是食物，在婚嫁中，厦门仍然有用甘蔗的习俗，但未见用蘋藻了。在几十年前，农村妇女打猪吃的青草时，也会采蘋作为猪的饲料之一。

蘋是一种蕨类植物，也叫"田字草"。广布于河北蔚

① 《说文解字》：蘋本作蕡。

蘋（李振基/摄）

县至云南洱源一线东南。生于淤泥质的水田或沟塘中。高20厘米左右。根状茎细长横走，茎上长叶。叶柄细长，由4片小叶组成复叶，呈十字形。叶脉从小叶基部向外呈放射状。孢子果生于叶柄基部抽出的短柄上。每个孢子果内含多数孢子囊，有大小孢子囊之分。孢子成熟后，长出非常细小的雌雄配子体，配子体上具颈卵器和精子器，精子器中的精子具有鞭毛，在有水的田或沟中完成受精过程。受精卵长大后就是我们平常所见到的蘋。周而复始。

蘋在有水的稻田中生长，但不会形成非常大的连片的湿地，显得比较自然。

今天，大家更熟知的是其作为草药的用途：其可全草入药，清热解毒，利水消肿，外用治疮痈、毒蛇咬伤。

在湿地建设中，对于蘋一样可以加以利用，当宜用在水不深的稻田般的生境中。

（执笔人：李振基）

有一种说法，认为《满江红》的词牌是咏水草满江红；也有一种说法，认为《满江红》的词牌是柳永从唐朱庆余志怪小说里的《上江虹》曲名获得灵感所创。

且欣赏柳永的《满江红·暮雨初收》：

暮雨初收，长川静、征帆夜落。临岛屿、蓼烟疏淡，苇风萧索。几许渔人飞短艇，尽载灯火归村落。遣行客、当此念回程，伤漂泊。

桐江好，烟漠漠。波似染，山如削。绕严陵滩畔，鹭飞鱼跃。游宦区区成底事，平生况有云泉约。归去来，一曲仲宣吟，从军乐。

此词中仿佛满江红染红了桐江，带给了柳永或歌女幽思。从柳永的几首《满江红》都可以看出，其或表达歌女情感，或反映羁旅行役之词，都有激越之感。从《满江红》又名《上江虹》《满江红慢》《念良游》《烟波玉》《伤春曲》《怅怅词》也可以看出，《满江红》更着意于通过吟诵、演唱、弹奏来表达惆怅的心情，与植物满江红没有太大关系。

满江红是一种生长在水田或池塘中的小型浮水蕨类植

满江红（李振基/摄）

物。满江红繁衍很快，要不了多久就长满水田或池塘；当然，如果江面上有水坝或竭，在平缓的江面上，也会形成满江都漂浮着水草的情况。当满江红成熟的时候（未必是在秋冬季节，笔者所附的照片是5月拍摄于福建长汀），其叶内含有很多花青素，水面上呈现一片红色，所以叫作"满江红"。

满江红是小型漂浮的蕨类植物，其根状茎细长横走；侧枝互生，主枝与侧枝都不停分枝，往水下生须根。叶很细小，像芝麻一般，互生而无柄，叶片深裂分为背裂片和腹裂片两部分，背裂片长圆形或卵形，肉质，绿色，但在秋后常变为紫红色，上表面密被乳状瘤突，下表面中部略凹陷，基部肥厚形成共生腔；腹裂片贝壳状，无色透明，斜沉水中。孢子果双生于分枝处，孢子囊内长孢子，靠孢子再长配子体。

满江红可以将蓝藻包在共生腔内，形成分可独立、合可共赢的共生关系。满江红提供栖息与庇护场所，提供碳源，蓝藻中的项圈藻（鱼腥藻）可以固定空气中的氮气，将其转化为硝酸盐肥料，不仅带给满江红氮肥，也带给水稻氮肥。有满江红覆盖的情况下，可以有效抑制其他杂草，满江红不会与水稻争养分，相反，会给稻田带来肥料，水稻也可以因此提高10%的产量。

满江红不仅是优良的绿肥，也是很好的饲料，还可药用，能发汗，利尿，祛风湿，治顽癣。

满江红广泛分布于四川至北京一线以南的稻作区域，可以为各地的水田湿地构筑一道亮丽的风景。

（执笔人：李振基）

浮萍寄清水，随风东西流。（曹植《浮萍篇》）

浮萍本无根，非水将何依。（傅玄《明月篇》）

关山难越，谁悲失路之人；萍水相逢，尽是他乡之客。（王勃《滕王阁序》）

晓来雨过，遗踪何在？一池萍碎。（苏轼《水龙吟》）

山河破碎风飘絮，身世浮沉雨打萍。（文天祥《过零丁洋》）

这些著名的诗句生动表现了浮萍漂浮植物的特点。

浮萍是一种细小的会开花结果的飘浮植物。其茎不发育，以圆形或长圆形的叶状体形式存在；叶不存在或退化为细小的膜质鳞片而位于茎的基部。叶状体绿色，扁平，近圆形，全缘，表面绿色，长1.5~5毫米，宽2~3毫米，有3小脉，背面垂生丝状根1条，根白色。很少开花，主要为无性繁殖：在叶状体边缘有个小袋子，称为小囊（侧囊），在小囊中形成小的叶状体。新的叶状体形成旋即离开母体，又可以繁衍新的浮萍。

浮萍是广布植物，产于南北各省份，生于水田、池沼或其他静水水域，这个家族的稀脉浮萍、品萍、紫萍、芜

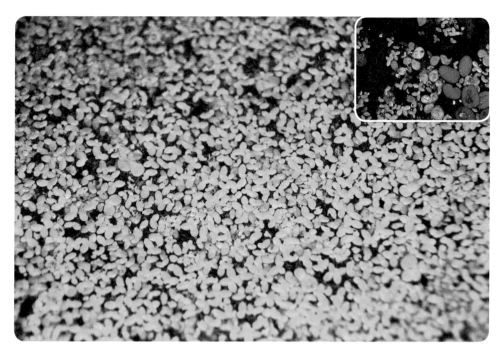

浮萍（李振基/摄）

萍（*Wolffia arrhiza*）都比较像，常混生形成密布水面的飘浮群落，该如何区分呢？稀脉浮萍的叶状体不对称，基部偏斜；品萍的叶状体具有长柄，常数代连在一起，叶比浮萍要长很多；紫萍则叶背为紫色，丝状根有10条；芜萍则细小如沙，叶状体卵状半球形，直径仅0.5~1.5毫米，既看不到叶脉，也看不到根。

　　浮萍家族的小草生长能力很强，繁殖快，只要温度和养分条件适宜，就会迅速繁殖，布满水田、水塘、湖泊、水沟的表面，如李时珍观察其"一叶经宿即生数叶"，4天就可以长出新的叶状体。

　　浮萍类植物具有繁殖速度快、容易收获、适应性强的优点，可以忍受低水温和低气温，可以适应很广范围的pH，可以阻挡光线穿透水面，不利于绿藻、蓝藻和蚊子的繁衍，对污水中的氨、重金属等具有较高的耐受性；因此，浮萍类植物也成为富营养化水体治理的首选水生植物之一。

有农作物存在的水域，几乎都有浮萍存在，浮萍家族的小草是良好的猪饲料、鸭饲料、草鱼饵料；但农民会认为它们与庄稼争夺肥料，所以其往往被视为一种杂草。也正是由于浮萍具有旺盛生长的能力，近十多年来其成了国外众多学者的研究热点，人们用它提供优质价廉的饲料蛋白质。

浮萍等可以入药，具有发汗、利水、消肿毒的功效，治风湿脚气、风疹热毒、衄血、水肿、小便不利、斑疹不透、感冒发热无汗。

（执笔人：李振基）

乍听到"水薤"，会让人以为它是我们常吃的水薤菜，其实它们是两种截然不同的植物，水薤菜是空心菜的别名，水薤则是单子叶的植物，水族馆中常见的网草和波浪草也都是水薤家族的成员。水薤科仅有水薤属，全世界约有57种，分布于亚洲、非洲和大洋洲。中国有水薤（*Aponogeton lakhonensis*）和波缘水薤（*Aponogeton undulatus*）两种。

该属植物为多年生草本植物，由于姿态优美，其很多种类作为观赏水草被广泛栽培于水族馆或鱼缸中。之前，中国仅记载水薤产于中国东南部各省份，生于浅水塘、溪沟及蓄水稻田中，2021年，何松等根据严岳鸿在海南采集的标本发布了波缘水薤新种。水薤的根茎为卵球形或长锥形，常具细丝状的叶鞘残迹，下部着生有许多纤维状的须根。叶沉没水中或漂浮于水面上，草质；叶片狭卵形至披针形，全缘；有沉水叶与浮水叶。穗状花序，顶生，花期挺出水面，佛焰苞早落，被膜质叶鞘包裹着；花两性，无梗；花黄色，花排列成两轮，外轮先熟，花丝向基部逐渐增宽。波缘水薤的区别在于叶片边缘呈明显波状，基部为楔形。

水蕹（李振基/摄）

    农田环境孕育了许多重要的生态指标物种。从生态角度来看，大片绿意盎然的水稻田为无数小型生物提供了栖息的空间，具有维持及保护物种多样性的功能。每年4~5月，水稻田里的水蕹就会从块茎上长出数枚长椭圆形的浮水叶漂浮在水面上，相当美丽。水蕹的拉丁属名（*Aponogeton*）意指该植物生长环境是沼泽湿地。因其块茎含有丰富的淀粉，当地农民会挖来块茎，除去外皮，加糖煮食作为点心。

    当水稻田灌水时，水蕹长出新叶，4月始开出漂亮的黄绿色小花；11月后叶片逐渐枯萎，仅留块茎埋藏于土壤中，进入休眠期，待翌年春季再重新长出新叶。利用块茎繁殖的机制与稻田耕作方式密切相关：在水稻收割后，农耕机翻土时会将埋藏于土中的块茎切成数小块，这些遭切割的块茎分散于农田里；待翌年其生长季节开始时会再生长，形成无数的小植株。

    在水蕹盛开时，水田中泛着黄花，水面黄绿相印，甚是漂亮。路过水田不妨放慢脚步，驻足欣赏。

（执笔人：黄黎晗）

圆叶节节菜属于千屈菜科节节菜属挺水植物，产于我国广东、广西、福建、台湾、浙江、江西、湖南、湖北、四川、贵州、云南等地；生于水田或潮湿的地方，华南地区极为常见。分布于印度、马来西亚、斯里兰卡、日本及中南半岛。在台湾，从台北到屏东的平原区域都有分布。台湾许多地方冬天都会短期休耕，一则是天冷，农夫休冬好过年；二则是让田地有一个喘息期。不是很冷的台湾，野花野草趁机生长，短短三两个月，田园一片翠绿。在初春踏青，看到休耕田中，圆叶节节菜欣欣向荣；步入湿地，所见圆叶节节菜也已苏醒，从南到北串起片片春意。到3~4月，某些长在田里的圆叶节节菜可能已随春耕化作了秧苗的养分，但在其他荒野沼泽中，其花竞相开放，一片片粉红点缀在绿丛中，使人不被吸引也难。

圆叶节节菜是一种水陆两栖的小型水草，有陆生型与沉水型；陆生型茎匍匐地面，后段挺立，高约10~20厘米，茎红叶绿，叶贴茎对生，椭圆形至圆形，在日照充足的环境中生长的节间很短，匍匐的茎节处触地生根并长分枝，很容易就长成一大片；沉水型喜在水边贴着泥地往外长，到水面就开始快速分枝，略呈扇形往水面扩散。台湾北部一处园区中的小水塘边原本只有几棵圆叶节节菜，没多久长满几乎半个水塘，它在水中长得显然比在陆地快。

其沉水型平常都是紧贴水面，仅部分尾芽会露出水面，沉水叶的变化颇大，叶常对生或3片轮生，倒卵形或狭长形，或长马齿形，故也有人称之为"水马齿苋"。其沉水型的颜色也常变成暗绿色或暗紫色，花期一到花序明显挺出水面，这时就发现，其沉水型比陆生型花开得茂盛多了。

圆叶节节菜茎圆无毛，开花时往上抽高，如族群紧密，有时高达40厘米，此时少分枝。顶生穗状花序，通常单生，初时小叶紧密包裹，花由下往上开，也由紫红

圆叶节节菜〔李两传/摄〕

圆叶节节菜（李振基/摄）

色渐渐变为淡粉色；单生小花腋生，萼钟形4裂，花瓣4枚，粉红色，雄蕊4枚，子房4裂。结果甚少，蒴果小，种子少数。

圆叶节节菜在台湾民间又称水猪母乳，是一种民俗植物，入药可以解热。早期乡下人们有时也会采摘它，与红猪母乳（马齿苋）一起剁细煮了喂猪。如今有些农村餐厅也将它做成可口的野菜料理，口感不错；但其性寒凉，吃多了容易导致腹泻。

（执笔人：李两传）

　　沼泽是大自然的一部分，在湿度大、气温较低、水的补给大、地形较缓、基岩不透水、植物助力等情况下形成，在三江平原、若尔盖、大九湖、东海洋，甚至很小的一处低洼地都可能形成沼泽。《礼记》中把水草所聚之处称为"沮泽"或"沮洳"。这些有营养丰富的沼泽，也有营养贫瘠的沼泽，还有海滨沼泽。在这些沼泽中长有水松、黄花落叶松、江南桤木、喜树（*Camptotheca acuminata*）、乌桕、风箱树（*Cephalanthus tetrandrus*）、杜香（*Rhododendron tomentosum*）、柴桦（*Betula fruticosa*）、乌拉草、漂筏薹草（*Carex pseudocuraica*）、两歧飘拂草（*Fimbristylis dichotoma*）、猪笼草（*Nepenthes mirabilis*）、睡莲、野生稻、芦苇、茭、水烛、杉叶藻、荆三棱、灯心草、挖耳草（*Utricularia bifida*）等湿地植物。由于有些种类如芦苇的生态位大，放在另外的章节介绍，本章选一部分沼泽中生长的湿地植物加以介绍。

进入沼泽探寻湿地植物

水润草木——湿地植物

中国人爱用"吃饭了吗"作为一句寒暄语，"饭"的本意是煮熟的谷类食物，我们日常主食的饭基本是水稻经过脱壳加工后形成的大米。我国水稻总产量占世界粮食作物产量第三位，仅次于玉米和小麦，但能维持世界上近一半人口的生活。

中国是世界水稻资源的发源地之一，野生稻是现有各种水稻的祖先。野生稻是禾本科稻属植物，多年生水生草本，整体植株高约1.5米，颖果长圆形，熟成之后易落粒。野生稻生长于海拔600米以下的江河流域，多生活在池塘、沟渠、沼泽等各种地势较低的潮湿地带，生长区为温暖潮湿的热带、亚热带气候区，在黏土、壤土、沙壤土上均能生长。野生稻为短日照植物，喜阳光。正如古书《山海经》中记载的："西南黑水之间，有都广之野，后稷葬焉。爰有膏菽、膏稻、膏黍、膏稷，百谷自生，冬夏播琴。"华南地区就有自行生长的野生稻存在。

野生稻对世界的影响存在于方方面面，最显而易见的是为栽培稻提供亲本植株。我们食用的稻米都是野生稻经过驯化育种的栽培品种。浙江余姚河姆渡、江西万年仙人

野生稻（陈炳华/摄）

洞等地的考古遗迹中都挖掘出了水稻种子，与最原始的野生稻进行比对，挖掘出的水稻种子的宽比野生稻种子的宽度多将近一倍。这说明最早在一万多年前，我们的祖先就已学会了从野生稻中选育良种进行栽培。在野生稻引种驯化史上，最为人们所熟知的是20个世纪70年代袁隆平利用野生稻雄性植株不育的特性，成功利用"野败"选育三系技术配制出优良的杂交水稻组合。杂交水稻的出现，为世界粮食紧缺问题的解决增加了一个新途径。

此外，野生稻还是一座隐形的基因宝库。随着水稻改良品种的大面积推广，其遗传基础日益狭隘，寻找新的遗传资源来进行水稻品种改良已成为新的趋势。野生稻正是一种宝贵的自然资源，由于长期处于野生状态，经受了各种不良环境和灾害的自然选择，其中蕴藏着丰富的优异基

野生稻（陈炳华/摄）

因，包括抗逆基因、抗病虫、抗杂草及高产优质基因等，是水稻育种及基因组学研究的重要物质基础。王黎明、李战胜等使用微卫星（SSR）分子标记位点多态性分析栽培稻34份，杂草稻12份，野生稻样本36份，采用 SDS 法进行总脱氧核糖核酸（DNA）提取，结果表明，杂草稻、栽培稻和野生稻的遗传多样性表现出了较大差异，三者分别扩增出22个、26个、30个多态位点。野生稻的遗传多样性最高，多态位点百分率为100%。这说明野生稻是稻种资源的重要组成部分、水稻杂交育种工作中最为重要的材料，具有较高的研究、开发与利用价值。对野生稻与其他水稻进行遗传多样性的分析比较和鉴定评价，可促进水稻野生近缘种的利用，拓展栽培稻的遗传背景，提高选育效率。

然而，为我们人类提供丰富种质资源的野生稻在20世纪末险些不存于世。这又是怎么回事呢？20世纪80年代起，由于农田的开发，以及工业化、城镇化的快速发展，我国野生稻的自然居群遭受严重破坏甚至快速消失，数量急剧下降，以至于濒临着野外灭绝的危险。面对如此紧急的形势，国内一些著名科学家都非常关注野生稻的保护工作，呼吁采取措施抢救和保护野生稻资源。1996年起，中国农业科学院作物科学研究所牵头，联合全国各地单位开展了野生稻种质资源调查、原生境保护和创新利用，经过20多年的努力，系统查清了野生稻居群的本底信息，抢救性收集并异位保存了丰富的野生稻种质资源，通过创新野生稻原生境保护技术，建立了我国野生稻原生境保护技术体系和监测预警技术体系，确保了野生稻重要居群的自然生存繁衍，极大地丰富了我国水稻育种的基因库，也为植物进化以及分子生物学研究储备了丰富的基因资源。

按照马斯洛需求层次理论，人类需求按从低到高的层次分为生理需求、安全需求、社交需求、尊重需求和自我实现需求，野生稻像农耕文明史上被赓续的血脉的源头，串起了水稻发展的过去与现代，满足了人们解决温饱的生理需求，守护着被哺育的人们向满足更高层次的需求迈进。如今，野生稻在《国家重点保护野生植物名录》中被列为二级保护野生植物，在《中国生物多样性红色名录——高等植物卷》中为极危(CR)物种，野生稻所蕴含的种质资源宝贵而又脆弱，对野生稻种群的保护仍是任重而道远。

（执笔人：何旖雯、安树青）

进入沼泽探寻
湿地植物

127

利水消炎的草药
——泽泻

　　泽泻亦称"水泻""及泻""禹孙"等。《神农本草经》称泽泻"久服耳目聪明，不饥，延年轻身，面生光，能行水上。"《本草纲目》称泽泻："去水曰泻，如泽水之泻也，禹能治水，故曰禹孙。"泽泻为一种重要的中药材，过去常与东方泽泻混杂入药，主治肾炎水肿、肾盂肾炎、肠炎泄泻、小便不利等症。

　　泽泻为泽泻科泽泻属多年生沼生草本植物。块茎直径1~3.5厘米，或更大。叶通常多数，沉水叶条形，挺水叶宽卵形，先端渐尖，基部宽楔形、浅心形，叶脉通常5条，弧形，叶片边缘膜质。花两性，白色，外轮花被片广卵形。种子紫褐色，具凸起。花果期5~10月。

　　泽泻在我国分布广泛，包括黑龙江、吉林、辽宁、内蒙古、河北、山西、陕西、新疆、云南等多个省份。在国外主要分布于俄罗斯、日本、欧洲、北美洲、大洋洲等区域。主要生于湖泊、河湾、溪流、水塘的浅水带，沼泽、沟渠及低洼湿地中亦有生长。

　　泽泻的生长量大，根系发达，根系的输氧能力强，能输送O_2至根部区域，有利于好氧微生物的呼吸，形成好

泽泻（李两传/摄）

的微生境，给水中生物生存创造了新机会。

泽泻具有较强的生态价值，能吸收、吸附水中的污染物。它们不仅吸收溶解态的污染物，也能迅速吸收悬浮微粒中的污染物，并且能在吸收后将这些微粒转入细胞内，达到标本兼治的效果，所以说泽泻在改善水环境上有很大的作用。

泽泻除具有生态功能外，还具有较强的药用价值。《神农本草经》中称泽泻具有"主风寒湿痹，乳难，消水，养五脏，益气力，肥健"等作用。现代中医认为泽泻是一种多功能中药材，在清热泻火方面，它对人膀胱之热、肾经中虚火有特别显著的缓解作用，平时人们出现下焦湿热时，及时服用泽泻就能让身体出现的不适症状好转；在利

泽泻（李两传/摄）

尿排毒方面，它能促使人体内小便生成和排出，可强化人类肾脏功能，对人经常出现的小便不利和身体水肿有特别好的治疗作用；在预防高血脂方面，其药材中的多种活性成分被人体吸收后，能抑制人体对脂肪还有胆固醇的吸收，并能净化血液，可降低血液黏稠度，促进血液循环。

泽泻能抑制浮萍的生长，且泽泻叶子呈心形，开白色的小花，具有较高的观赏价值，故常用于溪岸、河岸、湖边等水体边缘或园林沼泽浅水区的水景布置，整体观赏效果甚佳。

（执笔人：张帅、安树青）

　　2012年8月26日，应福建省泰宁县林业局邀请，笔者对峨嵋峰自然保护区的东海洋沼泽湿地进行考察。这是一片中山山间盆地里面的沼泽。这样的海拔比较高的大面积山地沼泽并不多，湖北神农架的大九湖是很有代表性的一处山间喀斯特地貌盆地上的沼泽。东海洋沼泽湿地的形成机理稍不同，这里的基岩是古老的变质岩，地史上的某一次地震可能造成了堰塞湖的形成；盆地上游的泥沙淤积在堰塞湖中，形成了沼泽生境。

　　一次又一次到东海洋考察，越来越多地有了出乎我们意料的收获。一次，就在我们深一脚浅一脚在沼泽中穿越时，意外发现了一片野生睡莲。此时，这片睡莲正在开花，跟人工栽种的睡莲相比，野生生境里面的睡莲群落显得更野、更自然，没有丝毫的人工雕琢痕迹。

　　睡莲花期很长，8月底已经开花，我们10月初来时，依然开放。为了采集标本，我们挖了一株正在开花的睡莲，可以看到，其根状茎短粗；叶片比纸还薄，刚刚伸出水面时，嫩叶是卷起来的，卵状椭圆形，基部具深弯缺，差不多到中间，叶片全缘，上面绿色到紫色而光亮，下面带红色或紫色，叶柄很长，长者可达60厘米；萼片4片，革质；花瓣白色8枚，宽披针形；雄蕊多数，比花瓣短，花药条形；柱头具5~8条辐射线。

睡莲中也有一个"莲"字，也生长在沼泽生境。人们不禁想，睡莲和莲是不是一家子。一开始，植物分类学家们都认为它们是一家子，在分类上，都把它们放在睡莲科。后来一些分类学家越来越细致地比较研究，大胆提出，它们是不同的门类。现在人们采用分子手段分析比较，证实了这一点；它们不仅不是同一科的，也不是同一目同一纲的。它们这种现象属于趋同适应现象，就是同生活在水里面，表面上看起来都有宽大的浮在水面上的叶片，实际上其花、其果差别是很大的。

笔者前文给出的睡莲照片跟大家在植物园或其他庭院中看到的紫色、黄色、红色、蓝色或白色的睡莲有什么不一样的地方？大家平常看到的是睡莲不同的种类，且可能经过了长期培育，这些种类有白睡莲（*Nymphaea alba*）、雪白睡莲、黄睡莲（*Nymphaea mexicana*）、蓝睡莲（*Nymphaea nouchali* var. *caerulea*）等。

美国田纳西大学的研究人员研究了睡莲的基因组序列，认为睡莲是地球上最早开始用花香来吸引昆虫帮忙传粉的植物之一。

2017年，笔者到台湾垦丁交流时，注意到了睡莲中的雄蕊确保异花授粉的机制：早晨6点多一点，从一侧开始，花瓣慢慢张开，7点的时候，最外一圈的雄蕊张开，而且花药上的花粉也即将成熟，等待昆虫来帮忙传粉；这时，里面的雄蕊还呵护着没成熟的雌蕊，昆虫到其他睡莲花上访问的时候，带去了花粉。睡莲昼开夜合，到了晚上，花

睡莲（李振基/摄）

瓣全部合起来，保护里面的雌蕊和雄蕊，然后第二天重新打开，里面更多的雄蕊张开，中间一圈的花粉开始传粉。第三天，雌蕊终于成熟了；这时，这朵花上的雄蕊早已完成了其使命，需要接受昆虫从另外一株睡莲上带来的花粉。大自然如此这般巧妙的设计让人惊叹不已！

　　在两千年前，我国园林中就已经有睡莲的身影。睡莲花叶俱美，花色丰富，开花期长，深为人们所喜爱。各地湿地中都可以栽植各色睡莲，或盆栽，或池栽，供人观赏。睡莲也可以与王莲、芡、莲、荇菜、水烛、鸢尾（ Iris spp.）等配置形成近自然的湿地美景。

（执笔人：李振基）

台湾特有的水生植物
——台湾萍蓬草

　　台湾萍蓬草是我国台湾特有种，原产于桃园以南的池沼中，因近年的经济开发，许多池塘被填土盖楼，曾一度濒危，经许多环保人士的努力，现今几乎是复育最为成功的物种；举凡校园生态池、公园中的水池、小区中庭的水景池，以及如今尚未被开发的池塘，都能看到它欣欣向荣的模样。

　　台湾萍蓬草（*Nuphar shimadae*）属于睡莲科萍蓬草属植物，其花自我保护的机制是以质取胜，4月开始一

台湾萍蓬草（李两传/摄）

直到入冬，花期不断，每一株都可以不间断地开花，因它有一条海绵体般的走茎，在泥土中一面往前延伸一面开花，一面左右生出分枝，很快，水中就长满台湾萍蓬草。这时，水面上密布小花，自然吸引了大家的目光，看到的人都会惊呼"好漂亮的小花！"但我们的第一印象却未必如是。

原来萍蓬草花径2~3厘米，黄灿灿盛开的5片不是花瓣，而是花朵外侧的萼片，它在花授完粉后并不脱落，一直留存着，并且随果实膨大由黄转绿，继续保护着子房。仔细观察才能看到其花冠，其花瓣约十多片，呈长方形，圈状排列于萼片内侧基部；中心红色雌蕊高高凸起，一般10~12裂，雄蕊多数，分成几层环绕雌蕊；子房多室，有种子10~40颗。随着时间慢慢发育膨大，整颗果实会渐渐沉入水中，最后果实分解，果肉包裹种子随水漂流，将种子带到远处散播。

到了秋冬季节，台湾萍蓬草慢慢凋萎，完全不见形体。冬天萍蓬草进入休眠状态，直到三四月才重启生机，先在水中抽出水下叶，隔水吸收着阳光；天气渐暖始长出水上叶，初时平铺水面，待得茂盛了，叶子会微挺出水面，有那么几分挺水植物的样子，但我们还是习惯于将台湾萍蓬草归类于浮水植物。

夏天正是赏台湾萍蓬草的季节，此时水面黄绿掩映，大家有机会一定要到水边感受那份生气。

（执笔人：李两传）

仿佛小杉树一样的草

——杉叶藻

笔者2017年夏天来到四川王朗，在里面的一块池沼中见到了一片杉叶藻，看起来仿佛是一片微缩的小杉树林。

杉叶藻是车前科杉叶藻属的多年生水生草本，全株光滑无毛。茎直立，多节，常带紫红色，高8~150厘米，上部不分枝，下部合轴分枝，节上生出很多须根，扎于泥中。叶8~10片轮生，两型：沉水叶线状披针形，长1.5~2.5厘米，宽1-1.5毫米，全缘，弯曲而细长，柔软脆弱；露出水面的叶条形，与深水叶相比稍短而挺直，羽状脉不明显，先端有一半透明，易断离成二叉状扩大的短锐尖。花细小，两性，单生叶腋；萼全缘；无花盘；雄蕊1枚，生于子房上略偏一侧；花丝细，花药红色；子房下位，花柱宿存，雌蕊先熟，主要为风媒传粉。果为小坚果状，卵状椭圆形。花期4~9月，果期5~10月。

杉叶藻产于我国东北、华北、西北、西南、台湾等地。多群生在海拔40~5000米的池沼、湖泊、溪流、江河两岸等浅水外，稻田内等水湿处也有生长。全世界广布。

杉叶藻可以通过风传播花粉，让花粉到另外的植株的雌蕊柱头上授粉，然后雄蕊再成熟，再给其他植株授粉；

杉叶藻（李振基/摄）

其根表皮有一层细胞，皮层很厚，里面有大型薄壁细胞组成的网眼状通气组织；其叶扁线形，表皮具发达的排水器，可以在水中生长，而不被浸烂。

杉叶藻可以应用在温带区域池塘中，形成小型水景，也可以栽于水族箱中。

杉叶藻喜日光充足之处，在疏阴环境下亦能生长。其喜温暖，怕低温，在16～28℃的温度范围内生长较好，越冬温度不宜低于10℃。

（执笔人：李振基）

御寒暖脚之宝
——乌拉草

清代缪公恩诗《乌拉草》中写道："青青有草碧江边，遂尔名因乌拉传。细叶秋丛身似束，清砧夜杵软如绵。履霜制葛原难任，卫足倾葵仅自全。南国久闻称不借，御寒较此拟天渊。"

乌拉草为莎草科薹草属多年生沼生草本植物。乌拉草根状茎短，形成踏头。秆紧密丛生，高20～50厘米，纤细而坚硬，基部叶鞘棕褐色而有光泽。叶短于或近等长于秆，刚毛状。小穗2～3个，顶生小穗为雄性，圆柱形；侧生小穗雌性，球形或卵形，花密生；雄花鳞片黑褐色；雌花鳞片深紫黑色。小坚果紧包于果囊中。花果期为6～7月。全世界约有2000多种薹草属植物，我国有近500种，分布于全国各省份，乌拉草是其中一种，分布于东北和若尔盖高原，在俄罗斯、蒙古、朝鲜、日本也有分布。乌拉草生长发育较好的地段有湿地、林间湿地、干湿草甸等。乌拉草名字中的"乌拉"可能指的是旧时东北一种防寒保暖鞋。

乌拉草是重要的湿地植物，在湿地生态系统中发挥着重要作用，是其分布地区沼泽湿地中常见的优势种或伴生

乌拉草（刘波/摄）

种，为多种动物提供食物和栖息场所。有研究表明，乌拉草是丹顶鹤繁殖期的重要食物来源之一。

乌拉草中含有极为丰富的游离氨基酸，可借人体的体温，被皮肤所吸收，其营养成分能对皮肤起到很好的保养作用。因此，乌拉草被普遍认为具有温经散寒、活血行气、抗菌等功能，所制成的鞋垫可起到御寒保暖作用。从乌拉草中可提取黄腐酸，用于医药领域。

乌拉草与人参、貂皮并称为"东北三宝"，清代官员萨英额所著《吉林外记》、张凤台所著的《长白汇征录》中都有关于乌拉草的记载，称内絮乌拉草的鞋"冬暖夏凉得当"。由此可见，在旧时的东北，乌拉草的优良特性已经被当地居民所认识并加以利用。

（执笔人：陈佳秋、安树青）

作为浮生圈材料的植物
——荆三棱

　　唐代张祜在《江南杂题》中写道："碧瘦三棱草，红鲜百叶桃。"其中的"三棱草"指的就是莎草科藨草属植物荆三棱。明代李时珍在《本草纲目》中引苏颂的解释："三棱，叶有三棱也。生荆楚地，故名荆三棱，以着其他。"

　　荆三棱，又名"三棱草""野荸荠""湖三棱"等，其根状茎粗而长，呈匍匐状，顶端生球状块茎。秆高大粗壮，高70～150厘米，锐三棱形，平滑，基部膨大。具

荆三棱（肖克炎／摄）

秆生叶，叶扁平，线形，稍坚挺，上部叶片边缘粗糙。叶状苞片3~4枚，通常长于花序。为长侧枝聚伞花序，具3~8个辐射枝，辐射枝最长达7厘米；每个辐射枝具1~4个小穗；小穗卵形或长圆形，棕色，长1~2厘米，宽5~10毫米，具多数花；小穗上具有密集的覆瓦状排列的膜质鳞片；雄蕊3枚，花药线形；花柱细长，柱头3裂。小坚果倒卵形或三棱形。花果期5~7月。

荆三棱主要分布于长江以北的湖、河岸边浅水处和其他积水湿地。

荆三棱是一味很强的软坚散结（消除肿块）药，在东北各省每年被大量收购，亦为麝鼠的一种冬粮。安徽又叫本种植物的球茎为"三楞果""铁荸荠"或"老母拐子"。据原中国科学院安徽分院和安徽轻工业厅等机构协作研究的结果，它是一种用途很大的工业原料，其主要用途有：供制电木粉、高级胶压绝缘隔音板、超级恒久浮生圈以及酒精、甘油、炸药等，此外它还是一种饲料。

荆三棱兼具生态价值与景观价值。其通过光合作用能够净化水质；姿态美观、观赏价值高，能改善湿地生态景观；通过定期收割植物体，能带走水体中的污染物，防止污染源的进一步扩散；根区的细菌群落可降解许多种污染物；还能输送O_2至根区，有利于微生物的好氧呼吸等。

（执笔人：陈佳秋、安树青）

进入沼泽探寻
湿地植物

神奇的两栖草本植物
——灯心草

灯心草是灯心草科灯心草属沼生植物。

这是一种颇为神奇的水草，分布之广超乎想象，在大半个中国都有分布，全世界温暖地区也均有分布。生于海拔10～3400米的河边、池旁、水沟、稻田旁、草地及沼泽湿处。其生境也令人感叹，在台湾的平地水泽中可以生长，在河域溪边可以生长，许多废耕的水田中也都有它们的踪迹，在一些潮湿山区步道上也看得到；到了海拔2000米以上的太平山，在通往翠峰湖的一大段车道的两边，灯心草形成优势湿地植被，堪称水陆两栖。其在野外会与莎草植物混生，二者看起来有点像，所以灯心草常被误会是莎草科成员。

灯心草植株秆状、圆形，茎秆中间微软，成丛而生，密集，有时一丛有上百秆，高可达1米，以大丛形态散生在沼泽湿地中，或潮湿路边。整年都看得到花，聚伞花序看似由秆侧伸出，实则顶生，仔细观察可以看到花序伸出处有一个不明显的环形节，即为秆顶，由此点向上长出秆状大苞片，长度超过20厘米；大苞片在节点处未合生，有一小开口向侧面长出花序，侧出的小苞片披针形，数枚，包裹着整个花

灯心草（李两传/摄）

序；花序聚伞状，开花时总花柄多数，长短不一，每根花柄着花多朵，聚合成淡绿色团状；花细小，萼片6枚，细长深裂；花被片6枚；雄蕊3枚，雌蕊花柱极短，柱头3裂。蒴果多数，初时绿色，熟后转褐黑色，种子微小。

常见有人形容，先民以灯心草作为灯心点煤油灯，笔者实际试过后，觉得并不耐烧，反而是盛开的花序似燃着的灯心，感觉更符合"灯心草"之名。

民间流行着以灯心草晒干了入药，味寒，安神，主治心火亢热与小儿受惊夜啼。

灯心草也是民俗植物，古人收割后晾至微干，用以编织。有次笔者带学员至野外，即时以灯心草编了一个小套子，学员也觉得很有趣。

生态意识普遍提升的今日，人们基于它易成活、好照顾、少病虫害，某些以生态方式营造的湿地，及有生态要求的学校、公园生态池中，也都会种植灯心草，以此增加水池多样性。在台湾，笔者也帮几个公园在水池中种了灯心草，让大家就近观赏，民众也觉得很特别。

（执笔人：李两传）

进入沼泽探寻
湿地植物

水生的伞形科植物
——水芹

　　笔者吃过不少野菜，水芹一直是笔者最喜爱的美味佳肴，具有脆爽的口感和鲜香的气味。其柔嫩的质地和浓烈的香气使它更适合清炒等简单做法。买来一把新鲜水芹，洗净加辣椒一炒就是一道美味。因此，许多景区的农家乐也都会在夏天买来水芹，烧出水芹炒香干、清炒水芹、凉拌水芹、水芹炒腊味供顾客选择，水芹深受人们青睐。

　　水芹又叫"水芹菜""河芹""野芹菜""白芹""水

水芹（李振基/摄）

144

英""蜀芹"，是各地常见的多年生挺水植物，外形与芹菜非常相似，高15～80厘米，茎直立或基部匍匐。叶有叶鞘；叶片一至二回羽裂。复伞形花序顶生；花瓣白色，开花季节会引来许多昆虫光顾。6～7月开花，8～9月结果。

水芹在古代深受读书人的喜爱，如果考中秀才，会采水芹插在帽檐上；入学或者考中秀才被称为"采芹"，学府和学宫也被称为"芹宫"。《诗经·鲁颂·泮水》中就有"思乐泮水，薄采其芹"这样的诗句，意思是到学宫的泮池采些水芹，迎接鲁侯的到来，可见古人对水芹的重视。

水芹不同于其他伞形科植物，由于其体内具有气腔和质外体屏障结构，确保体内通气，水芹可以生长在水中，因此，水芹可以用于湿地景观营造，其对被污染湿地的生态修复也发挥着重要作用。

水芹全草民间也作药用，其味甘辛、性凉，入肺、胃经，有清热解毒、润肺利湿的功效，对发热感冒、呕吐腹泻、尿路感染、崩漏、水肿、高血压等有辅助疗效。

（执笔人：江凤英、李振基）

冷浆田中常见的植物
——星毛金锦香

笔者每每在一些被弃耕的冷浆田中看到一丛丛的紫花，绚丽夺目，向昆虫宣示着其已经开花，甚至它们上面有很多朝天的罐子，民间叫"朝天罐"。这类植物最近好些种都被并为了星毛金锦香。

星毛金锦香（*Osbeckia stellata*）是野牡丹科的沼生亚灌木，高1~1.5米；茎四棱形，被平贴的糙伏毛。叶对生，叶片纸质，卵状披针形，顶端渐尖，基部近圆形，全缘，具缘毛，两面被糙伏毛，5条基出脉，侧脉明显，弧形，对称。聚伞花序，生于小枝顶端；苞片广卵形；花萼被刺毛状篦状毛及少数具柄星状毛；花瓣紫红色，卵形，顶端急尖，全缘；雄蕊常偏向一侧，花药顶端具喙，药隔下延，向前方伸延成2小疣，向后方微膨大或成短距，距金黄色，对于昆虫来说，很有诱惑力；子房卵形，顶端有1圈刚毛。蒴果卵形，4纵裂，顶端具刚毛；宿存萼坛状，顶端平截，具纵肋，近上部缢缩成颈。花期8~9月，果期9~10月。产于中亚热带至南亚热带海拔400~2000米的林缘积水处或冷浆田中，喜马拉雅山区南麓等地也有。

星毛金锦香（李振基/摄）

　　星毛金锦香所代表的野牡丹科植物一般都很受丽金龟青睐，一般一大早开花，8点左右完全开放，傍晚花朵旋闭，单花开放时间为1天；但整个植株或一丛野牡丹的花先后成熟开放，差不多可以开一个月到两个月。野牡丹科植物主要向昆虫提供花粉。访花昆虫主要是蜂类、食蚜蝇类和丽金龟类，传粉昆虫主要是木蜂、蜜蜂等；其中，木蜂传粉沽动最为活跃，为最有效传粉昆虫。

　　星毛金锦香的花艳丽，适宜在亚热带城乡的沼泽湿地生境中营造景观。

（执笔人：李振基）

多彩的泥炭地之魂——泥炭藓

2022年的初春，笔者再次造访了暌违15年之久的武夷山主峰黄岗山。黄岗山上冬意渐消，背阳处的每个褶皱阴影都还裹着冰的寒意。行到海拔1800多米处，融化的雪水从石壁上方滴下，坠到一大片垫状植物上。清晨的光线移到其中一小滩上，泛出些微粉色。老师不经意地说，看那片泥炭藓，好像一块红绿渐变色的大地毯。笔者蹲下来稍稍触了触它们，刺骨的水中，那头状的枝顶冰凉又柔软，确实像是初春的小使者，鼓着浅桃红色的面颊。

我们在野外能比较容易地用肉眼辨认出泥炭藓属（*Sphagnum*）的植物，不仅因为它们偏好生长在特殊的生境，常出现在湿地环境中，也由于它们具有独特的形态结构。泥炭藓属植物的配子体主茎的顶端分枝常呈头状，常具有伸展枝和下垂枝，单层的叶片细胞由狭长的绿色细胞和大型的透明细胞交织构成，透明细胞的细胞壁常具有水孔和螺纹加厚。泥炭藓没有真正的蒴柄，也没有蒴齿，在孢蒴成熟后，由假蒴柄快速发育伸长将其托举出来，同时孢蒴中部强力收缩产生高压弹开蒴盖，将孢子喷射传播出去。泥炭藓的先端可以年复一年地生长，下部则堆积并

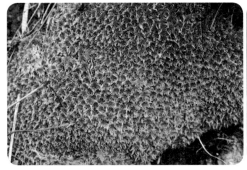

泥炭藓（叶文/摄）

逐渐炭化，最终与其他生物质一起沉积形成泥炭。泥炭藓色彩变化颇多，从常见的绿色、白绿色，到黄绿色、橙红色、棕色，再到浅粉色、紫红色，这些"颜料"在泥炭藓的"调色盘"上应有尽有。研究表明，北方泥炭地里能有多达二十种以上的同域泥炭藓物种生长在一起。想象一下，当这些物种呈现出不同的颜色，会是一幅多么绚烂的景象。

　　一提到泥炭藓，人们最常联想到的就是中高纬度地区水分充裕的泥炭地、泥炭沼泽等。泥炭藓确实是泥炭地的主要组成物种，也是最重要的湿地植物之一。研究发现，大约25%的土壤有机碳储存在泥炭地生态系统中，包括北方雨养泥炭沼泽（boreal bogs）、矿养泥炭沼泽（fens）和苔原湿地（tundra wetlands）。泥炭地覆盖了北半球北方地区的广阔区域，是全球碳循环的重要驱动力。然而，实际上，泥炭藓分布于世界各地，存在于除南极洲外的所有大陆，在热带地区的低海拔和高海拔地带都能生长。有研究认为，泥炭藓起源于北半球，在凉爽或寒冷气候地区分化，并经历了多次向热带及南半球地区的扩张，适应了变暖的气候。

泥炭藓属于藓类植物门的泥炭藓纲泥炭藓科。广义的泥炭藓科只有泥炭藓属一个属。分子系统学目前则支持在泥炭藓纲下划分3个科4个属，泥炭藓属是其中多样性最丰富的。因着生境和形态的独特性，在我国，泥炭藓有时又被称为"海花草""山毛草""水苔""水藓"。最新的《中国生物物种名录》记载我国分布有46种泥炭藓。泥炭藓属植物在我国分布广泛，跨洲分布的广布种众多。当我们行走在我国东南部中低海拔山地，常有机会在林缘岩石上见到泥炭藓属的泥炭藓和暖地泥炭藓（*Sphagnum palustre*）；在东北的泥炭地则大概率能遇到粗叶泥炭藓（*Sphagnum squarrosum*）；我国西南高山常年多雾和积水的湖泊周围则可能有多种泥炭藓生长在一起。

泥炭藓具有超强的吸水和储水能力。有些种类泥炭藓能吸收多达自身重量的20～40倍的水分。强大的保水能力和调节pH的能力令泥炭藓在园艺界受到极大欢迎，应用广泛，对其需求与日俱增。起源和分化上的独特机制又令泥炭藓拥有成为研究植物应对气候变暖的机制的模式生物的巨大潜力。2021年出台的《国家重点保护野生植物名录》中首次列入了5种苔藓植物，其中就包括两种泥炭藓：东北和西南泥炭地的优势物种粗叶泥炭藓及我国特有的多纹泥炭藓（*Sphagnum multifibrosum*）。笔者期待能有更多的人在野外亲眼见到泥炭藓，认识到它的独特与美，赞叹自然的艳丽与神奇。

（执笔人：叶文）

　　韭菜是我们生活中十分常见的蔬菜，在世界范围内普遍栽培和食用。2012年8月，笔者在福建泰宁峨嵋峰自然保护区考察时，在海拔1400米的东海洋沼泽湿地中发现了1种类似韭菜的水生植物，随即带回实验室解剖，笔者在其植物体的叶片基部发现了块状的孢子囊。这是水韭属植物特有的形态特征，经过进一步的形态学特征检索与比较，最终将其确定为东方水韭。

东方水韭（李振基/摄）

东方水韭（李振基/摄）

东方水韭是水韭科水韭属多年生沼生挺水植物，植株高20~40厘米。根状茎肉质，块状，呈3瓣；根二叉分歧，多数；向上丛生多数螺旋状排列的叶。叶草质，多汁，基部白色，上部淡绿色，基部广鞘状，腹部凹入形成一凹穴，凹入处生孢子囊。孢子囊椭圆形，具白色膜质盖；大孢子囊常生于外围叶片基部的向轴面；小孢子囊生于内部叶片基部的向轴面孢子期为5月下旬至10月末。其生境所处的海拔较高，生在中山沼泽、浅水池塘边和山沟淤泥中。

东方水韭最早于2002年在浙江松阳被发现，刘虹等将其与中华水韭认真比对之后，在2005年将其发表为新种。东方水韭与中华水韭在形态上极为相似，二者都分布在中国东部地区，但东方水韭以其叶中部宽2毫米以上、叶横切面上具有4个薄壁腔室、大孢子脊部相连成网络状以及小孢子表面无刺棘状突起等特征可区别于中华水韭。

水韭是一类非常古老的拟蕨类植物，大约起源于泥盆纪晚期（距今372-354Ma）。水韭科植物在系统演化上呈现出较为孤立的特点，仅有2属约60种；其中*Stylites*为单种属，仅产于秘鲁；水韭属约50种，世界广布，多生长在北半球的温带沼泽湿地，中国仅有5种，全部为特有种。水韭属植物的形态与单子叶植物非常相似，曾让林奈将其当作种子植物，甚至描述了它的"果实"和"种子"。水韭属植物虽然是世界广布，但在我国，一直到1927年才有人在南京发现了第一个种（中华水韭），后相继在云南和贵州也发现了水韭属植物，近年来台湾地区也有关于水韭的报道。

水韭属植物种与种之间为间断分布，其地理分布区相对狭窄，大多局限分布于一个或几个地区，属狭域分布种。由于长期以来人类活动对水韭生境的干扰，水韭属植物在我国的分布范围正日趋缩小，其种群数量正日趋减少，面临着灭绝的危险。目前，水韭属所有种已被列为我国一级保护野生植物，大家在野外碰到时不要采挖。

我们在福建泰宁峨嵋峰自然保护区发现有的东方水韭长在水牛趴过的浅水洼内，也有其在较大面积的沼泽中与其他湿地植物共生的情况，当地保护区管理局对此非常重视，采取过不让人为牧牛和蓄水的保护措施，但其种群并没有扩大。是否牛在水洼中的行为能够促进东方水韭从新土中长出，尚不得而知。在自然界中，动植物的协同进化值得深入研究。

（执笔人：丁鑫）

——水蕨

在水中挺立的蕨类植物

在南方一些水塘或水沟中，可以看到长在水中的蕨类植物。在古代，人们就开始采集水蕨叶柄作为食物，那时叫"薲"。《吕氏春秋》所记载的"菜之美者，有云梦之薲"，指的便是水蕨。在北宋年间，《大宋重修广韵》再次用"菜似蕨，生水中"简洁描述了水蕨。

水蕨属于水蕨科水蕨属多年生挺水植物，漂浮或生于淤泥中。植株幼嫩时呈绿色，多汁柔软；高可达70厘米。根状茎短而直立，以一簇粗根着生于淤泥中。叶簇生，两型，有营养叶和能育叶之分：营养叶叶片直立或幼时漂浮，狭长圆形，二至四回羽状深裂；能育叶叶片长圆形或卵状三角形，二至三回羽状深裂。叶柄圆柱形，肉质，光滑无毛。孢子囊沿能育叶的裂片主脉两侧的网眼着生，为反卷叶缘所覆盖；孢子四面体形，不具周壁，外壁很厚，具纹饰。由于水湿条件不同，形态差异较大。

水蕨广布于地球亚热带和热带各地。在我国，水蕨主要分布于长江以南的省份的池塘、湖泊、水沟、水田、沼泽和湿地中。

水蕨在冬季会进入休眠，叶片枯萎，以根茎越冬。

水蕨（李振基/摄）

在中医药学中，水蕨全株可作为药材，有消积、散淤、解毒、止血、止痢、镇咳、化痰等功效，主治痞积、痢疾、胎毒、咳嗽、跌打损伤等症。明代李时珍在《本草纲目》中记述："甘、苦，寒，无毒。主治腹中痞积，淡煮食，一二日即下恶物。"水蕨的解毒功能令人瞩目，其茎叶入药治疗胎毒的效果尤为神奇，因而被视为一种产后良药。

水蕨又名"薑""龙须菜""水松草""水铁树""水柏"等。这些各色别称不仅将水蕨的形态描述得惟妙惟肖，也在其中注入了深沉且神秘的情感，体现了中国语言独有的浪漫。

水蕨对生境要求较高，是生境好坏的"指示器"。作为地球上最古老的植物，大部分蕨类植物要在陆地生活，只有很少的种类生活在水中，水蕨是少数生长在池沼和湿地的蕨类植物，在遗传学、分子生物学、生物化学和细胞生物学等学科的基础研究和应用中起着很重要的作用。

　　水蕨的价值不只体现于此，其在生态景观方面的功能发挥也是独树一帜：其叶形多变，既可种植在水缸、花坛等大型水景容器中作为观赏性植物，又可种植于景观水池或流速较缓的溪流中用来营造水面景观，是一种集观赏和净化水体功能于一身的生态环保型湿地植物。

（执笔人：陈佳秋、安树青）

大安水蓑衣（*Hygrophila pogonocalyx*）属于爵床科水蓑衣属沼生植物，是台湾特有种，数量稀少，自然情况下，仅见于台中的大安溪口及周边湿地。为了让大众认识这种罕见的水草，相关单位于2000年在大安区原产地附近田野开辟了一个大安水蓑衣生态教育园区，除种大安水蓑衣外，还种了其他几种水草及数十种滨海植物，用于推广教育，各学校都会安排师生到那里进行田野课程授课。又在台湾旅游网推荐，全省居民邻里举办的里民观摩旅游同样把教育园区划入必访景点。

早期在台湾想自行复育推广大安水蓑衣，碍于来源不易，笔者只要听说哪个单位有种，或谁有种，就会想尽办法去分一点苗来种；其实，只要环境合适，繁殖很简单，扦插即可成活。如今，许多环保团体不约而同在培育大安水蓑衣；每个学校只要有水池，多少都种几丛；各县（市）公共生态池也种了很多。大安水蓑衣是现时被推广的几种水生植物中普遍度与出现频率比较高的。

大安水蓑衣是大型草本挺水植物，高可达1米，茎方形直立，老茎木质化、颇硬，多分枝，容易倒伏成斜生

157

大安水蓑衣（李两传/摄）

状。叶对生宽大，椭圆形或倒披针形，全株多毛。花5～10朵，簇生于叶腋，淡紫色，花期秋至冬，花冠长2.5厘米，每到开花之时，会招引熊蜂等昆虫来光顾；其雄蕊4枚，2长2短，花药如戟形，雌蕊丝状；蒴果线形，种子细小微扁。

　　大安水蓑衣的繁殖方式除种子播种外，一般剪下带根的分枝栽培即可成活；更快的是扦插，一根枝条剪成数段，每段2节插于水中，下节长根，上节长叶，都能自成1株，或将分枝端压下，整枝浸水中，末端每节都能长根与芽。这些方法都被广为运用于民间大安水蓑衣的推广繁殖。

　　大安水蓑衣为多年生植物，但在秋冬开花结果后，植株的很大一部分会枯死，冬天以木质化、较硬的老茎留存，翌年从老茎长出新芽，这算是一个特别的过冬方式。

（执笔人：李两传）

　　水松是地球上的子遗植物，有"活化石"之称，起源于1.45亿年前的中生代白垩纪。其化石记录表明，从白垩纪开始，其曾经一度扩展到北半球；到渐新世后期，各地水松陆续灭绝；到全新世，分布范围进一步缩小与南移，只在我国南方和越南、老挝有分布。

　　水松在我国华南地区曾经广泛分布，如晋代嵇含在《南方草木状》中就有水松为"南海土产"的记载；清初屈大均在《广东新语》中提到广东顺德陈村附近"夹岸多水松，大者合抱"。1956年出版的《广州植物志》描述当时水松的分布状况时写道："广州近郊珠江沿岸的田畔、池边和小涌边时见之"，但由于开垦农田和过度采伐用于船舶、桥梁、建筑、家具和软木等的制作，加快了水松消失的速度，今天已经难见其踪影。

　　笔者在1995年曾经参加福建省珍稀植物调查，考察过福建省尤溪县东山村中山盆地的水松林，此后也到屏南县岭下乡楼上村考察过那里的水松林，这些地方都是典型的沼泽地。由于海拔较高，天然成林的水松中最粗的有80厘米。后来笔者在福建永春、德化、永泰也都调查

水松（李振基/摄）

过水松，由于人为改造利用沼泽为水稻田，水松在这些地方看起来是单株的，但其伟岸足以昭示它们曾经是这里的主人。

再后来，笔者有幸参加全国珍稀植物调查时，来到福建省漳平市永福镇，见识了这里的水松王（胸径2.3米）和镇上其他12株水松古树，也印证了这里曾经是一片沼泽；随着人类定居、繁衍，这里成了一个集镇，所幸水松古树没有遭到砍伐。无独有偶，在湖南资兴市燕窝村也有1株千年古水松，报道的围径是7.6米。

《中国植物志》早年文本所述的"主要分布在广州珠江三角洲和福建中部及闽江下游海拔1000米以下地区。广东东部及西部、福建西部及北部、江西东部、四川东南部、广西及云南东南部也有零星分布"所给的范围是可信的，但《四川植物志》中的分布描述排除了四川乐山。由于部分标本和网页版上的照片来自和拍摄于人工栽培生境，网页版的分布地点范围大于其原产地范围。今按笔者所见和部分可能来自其原生境的标本、杨永川等的研究和网页上水松树王的报道给出现今水松在我国的天然分布地点为福建、广东、江西、湖南、广西和云南。

水松，顾名思义，为生长在沼泽生境中的乔木，其树龄可以很长，亚热带常绿阔叶林分布区域的沼泽湿地是其最合适的生长区域；由于种种原因，许多沼泽被改成了稻田，致使我们以为水松可以生长在中生环境里，还有的大量人工种植在路边，也误导了我们的分析判断，或在华南植物园等地一些水松被栽植在了水中，谈不上是其最合适的生境。水松慢慢生长，可以长到20米高，如果树干基部与根部长期被水淹，会膨大成柱槽状，通过吸收使根伸出土面或水面。在典型的沼泽生境，其根部一直往周边延伸，同时会形成很多扁的曲状呼吸根伸出地面。其枝条稀疏，有长短枝之分。其叶有鳞形叶、条形叶、条状钻形叶等多形。球果倒卵圆形；种鳞木质；苞鳞与种鳞几全部合生。种子椭圆形，稍扁，褐色。花期1~2月，球果秋后成熟。

水松景观较好，可以在亚热带常绿阔叶林分布的区域的淡水泥沼湿地应用，用于造景或水体的生态恢复都可以。

（执笔人：李振基）

从活化石到行道树

——水杉

　　1941年10月，其时的中央大学森林系干铎教授从当时的湖北进入重庆，途经磨刀溪（原属四川万县，即今重庆万县，现属湖北利川），见到路旁有1株落叶大树，当地俗称水杉，当时由于其落叶了而无法采得标本。1942年，他转请万县杨龙兴采得枝叶标本，但没有马上鉴定。1944年，中央林业试验所的王战先生赴神农架调查森林，杨龙兴建议他从恩施入鄂西，并注意看一下磨刀溪的水杉。王战当时采了枝叶标本与果实，鉴定其为水松。1945年，中央大学吴中伦前往高店子，王战将水杉标本一小枝与果实两个赠送给他，吴中伦先生带回交中央大学郑万钧教授鉴定。郑万钧先生当时觉得该标本枝叶虽似水松，但叶对生，球果鳞片楯形对生，认为绝非水松，可能是一新属，接着交代学校的薛纪如技术员两次到磨刀溪采其花与幼果、枝叶标本，再将枝叶花果标本寄出，请北平静生生物调查所胡先骕博士复查文献。胡先骕先生查得水杉与日本三本茂氏于1941年根据化石发表的 *Metasequoia* 属植物形态相同，于是由胡、郑两人定水杉学名为 *Metasequoia glyptostroboides* Hu et

水杉（李振基/摄）

Cheng，并于1948年4月在《静生生物调查所汇报》上发表。这学名中，*Meta-* 是前缀，表示为后来发现的种类植物；*Sequoia* 是巨杉的属名；*Glyptostrobus* 是水松的属名，*-oides* 是后缀，表示跟某事物一样。水杉的学名表示这种水杉是继巨杉之后发现的化石，这树种很像水松。

　　水杉是落叶乔木，主干直，树冠塔形，高可达40米，胸径达2.5米。树皮条片状剥落。叶线形，交互对生，排为二列，成羽状，冬季小枝与叶脱落。花单性，雌雄同株；雄球花生于叶腋，雌球花生于侧枝顶，由多数交互对生苞鳞和珠鳞组成。球果下垂，长圆状球形。种鳞薄而透明，苞鳞木质盾形。种子倒卵形，扁平而有窄翅。水杉分布于鄂、渝、湘三省（直辖市）交界处，生长于海拔1000米左右、土壤深厚、潮湿多水的山地。

水杉的发现引发了全世界生物界与古生物界研究者的兴趣，也引发了林业部门的重视，水杉已被引种到世界50多个国家和地区，尤其是在长江流域，成为重要的绿化造林树种。各地争相在植物园、铁道边、公路边、公园、校园、单位引种栽培，当然，其最好的生境仍然是沼泽生境的淡水湖边的淤泥中。

水杉属植物属于古老的孑遗植物，早在一亿多年前的中生代白垩纪及新生代，水杉的祖先就诞生了。当时地球气候温暖湿润，水杉属约有10种，几乎遍布北半球。但是新生代第四纪冰期之后，水杉、银杏、苏铁、穗花杉、连香树等几乎全部绝灭。所幸，在我国的长江以南地区，零星分布着庐山、天目山、武夷山等山地冰川。这些冰川没有完全覆盖这些山地，这些山地成为少数植物的"避难所"，使得水杉成为第四纪冰川灾难的幸存者，得以在四川东部、湖北西南部及湖南西北部山区存活下来，成为植物活化石。

（执笔人：李振基）

小时候，每到清明节前后，雨后春笋迅速长出时，笔者会溯溪到沼泽生境中去抽水笋，也就是水竹的笋。实际上，一路上不止能看到水竹，也可能看到山坡上的刚竹或淡竹。水竹的生境是竹叶青蛇喜栖息的生境，因为这些地方也是多种蛙出没的地方，竹叶青蛇可能懒洋洋地盘在水竹丛中，守株待兔，等待猎物的到来。我们一般砍一根竹子，敲打路边的草丛——打草惊蛇，以免踩到蛇。

收获一布袋的竹笋之后，回家剥了笋箨，用山泉水漂洗一下，拍扁（把竹节拍碎，以方便入味），切成段，加些韭（*Allium tuberosum*）炒食，这道菜是一道美味佳肴。也可以在滚水中将竹笋焯一下，铺在竹盘中，在大太阳下晒干收藏，以后泉水浸发后炒食或隔水蒸食。

水竹（*Phyllostachys heteroclada*）属于禾本科刚竹属植物。竹子是木质化的禾本科植物，但当季长到一定粗、一定高度就不再长了，之后这棵竹子只会变得越来越结实，再往后就老而枯死。为什么它不会跟樟（*Cinnamomum camphora*）、榕树（*Ficus microcarpa*）、白桦（*Betula platyphylla*）一样长粗

165

水竹（李振基/摄）

呢？一般树木外层是树皮，里面为木材；树皮和木材之间
还有一层，这一层叫"形成层"，它很活跃，温度适宜就
向外产新树皮，向内长新的一圈木材而变粗。竹子没有这
一层，所以它一旦定型，就不能再长粗和长高。

竹类是个大家族，高者20米，矮者不到2米。一
般竹子有圆形的竹秆，但方竹（*Chimonobambusa
quadrangularis*）却是方形的竹秆；大部分竹叶比较
小，但阔叶箬竹（*Indocalamus latifolius*）和麻竹
（*Dendrocalamus latiflorus*）的竹叶却大到可以用来
包粽子。一般的竹笋是鲜甜的，而苦竹（*Pleioblastus
amarus*）的笋却是苦的，麻竹的笋是麻涩的。

刚竹属的竿圆筒形，都有节和节间，节间是中空的，
节稍膨大，长的枝条分2枝，在竹秆上交互长。竹子都有
笋箨，细看，笋箨包括保护竹笋的革质箨鞘和主要进行光
合作用的箨片，有的种类箨鞘和箨片之间有箨舌、箨耳和
繸毛。剥竹笋时，常用笋箨折成小雨伞玩。刚竹属的笋几

乎都可食；不同种类的笋箨的颜色、斑纹不一样，里面的笋肉色也不完全一样。

水竹一般高6米，粗3厘米，箨鞘背面深绿色带紫色，无斑点，被白粉；箨耳小，淡紫色，有数条紫色繸毛；箨舌微凹；箨片直立，狭长三角形，绿色，背部呈舟形隆起。枝叶片披针形。

竹类一般通过地下的竹鞭行无性繁殖，在气候极度干旱时，竹子会开花结果，准备用种子度过干旱的时节。各种竹类植物都会开花，开花的周期不一，有的竹林60年才开一次花（单株竹子寿命一般只有5~20年），有的18年开一次花。水竹万一遇到干旱问题，会在4~8月开花。

竹类不耐高温，也不耐低温，主要分布在我国黄河流域以南及我国周边国家，以毛竹被人利用得最广，引种扩繁的面积最大，一般在海拔1400米以下的山地上都有毛竹林；箭竹（*Fargesia spathacea*）耐寒，主要分布在亚热带区域的高山林下；孝顺竹（*Bambusa multiplex*）、绿竹（*Bambusa oldhamii*）、麻竹等丛生竹则分布在南亚热带到热带地区的山麓平原区域。水竹主要产于黄河流域及其以南各地的山谷与河流两岸沼泽地。

很多竹类的竹材韧性好，可以用于编制各种生活及生产用具。著名的湖南益阳水竹席就是用水竹编制而成的。

水竹可以应用在中亚热带至北亚热带的湿地生境。在中亚热带南部，可以应用孝顺竹；而在南亚热带，可以应用簕竹（*Bambusa blumeana*），营造出漓江两岸一般的美景。

（执笔人：李振基）

167

令蝶陶醉的沼泽灌木
——风箱树

风箱树属于茜草科风箱树属，是亲水性灌木至小乔木，高可达4米。叶对生或3叶轮生，叶大柄红，椭圆形，似番石榴叶，故台湾的有些地方又称之为"水番石榴"。头状花序顶生或腋生，许多细小的花聚成圆球状；花冠白色，花冠管细长，花冠裂片上有1枚腺体；雄蕊4枚，雌蕊甚长，柱头棒形，伸出于花冠外。聚合果，果实是由许多单一小分果聚合而成的；小分果种子单一，种子端部具海绵状假种皮。花期4~7月。

风箱树产于我国广东、海南、广西、湖南、福建、江西、浙江、台湾；在国外，分布于印度、孟加拉国、缅甸、泰国、老挝和越南。

在台湾，风箱树的原生地目前已知的只有宜兰，属于稀有植物，一直以来各处虽有复育，但仍以学校和重要湿地为主要种植地域，在野外仍是不容易看到它。笔者倒是数年前有幸在福建一个池塘边看到长了几棵，这几棵树龄都有些大，那种"他乡遇故知"的心情油然而生，顿时倍感亲切，笔者不免拿起相机多拍几张。

风箱树并不难繁殖，它冬天落叶，在其新春发芽前剪

风箱树（李两传/摄）

枝插于水中，很容易就长根成活；尽管如此，却未见其大量或大范围复育，可见一般人对水生植物的漠视。最近几年，因为生态教育，风箱树被普及，在许多校园、公园和湿地相继被引入种植，如今其普遍分布于各地，已知台北几处校园生态池都有栽种，几处公园也加入种植。风箱树似乎在台湾人心中不再那么陌生了。

　　台湾新北市新庄区有座公园，笔者特别建议公园管理单位在生态池木栈道旁种了一棵风箱树，并竖立解说牌，直接面向群众推广，让来逛公园的人得以近距离赏花兼观察。花期中不时见到有人拿相机与它合拍，也有人对花朵做近距特写。

　　笔者曾仔细观察风箱树，将开花前，花序日渐增长变大，但到开花也足足孕育了月余。花开前夕，花苞，也就是整颗花序长到了最大；开花首日，自花序陆续伸出小花，花雪白，初时几朵，到第二天，圆球上的小花几乎全开；一朵朵小花都抽出一根长长的花蕊，整颗花序就如白色烟火爆开，烟花四射令人惊艳不已。对于蝴蝶来说，风箱树是蜜源植物，开花时会引得斐豹蛱蝶、大绿弄蝶等光顾。到了一周，整棵风箱树已全然盛开，"冰树银花"这样的词语都不足以形容它此时的壮丽。高峰一过，树上开始点缀凋谢的褐色球，这时又是一幕令人动容的景致。最终花瓣全脱落，种子接续成长，花序又回归成为未开前的绿色。跟踪观察植物的成长过程，是让人充满期待的：期待花果的开谢成熟，然后繁殖绵延。

（执笔人：李两传）

在《中国植被》一书第十四章"沼泽和水生植被"中有这样一段话:"亚热带南部山地沼泽中,有零星分布的江南桤木沼泽,由于面积过小,未列入本书。"

确实如书中所述,笔者在江西靖安和婺源进行科学考察时,都调查过江南桤木乔木沼泽,但二者的面积都很小。直到笔者到福建泰宁进行科学考察时,发现了令人诧异的乔木沼泽,面积足够大,非常典型。

江南桤木(李振基/摄)

171

江南桤木（李振基/摄）

在《中国植物志》中，有关江南桤木分布地点的内容只是"产于安徽、江苏、浙江、江西、福建、广东、湖南、湖北、河南南部，生于海拔200~1000米的山谷或河谷的林中、岸边或村落附近。日本也有。"未能注意到其沼泽生境。实际上，江南桤木是典型的乔木沼泽的建群种，就是可以在亚热带山中沼泽生境形成森林的主要树种。虽然水松、水杉、喜树都是乔木沼泽的建群种，但这些树种形成的面积有限。

笔者从2011年到现在，几乎每年都会到福建峨嵋峰国家级自然保护区进行考察，江南桤木林分布在保护区内的东海洋，海拔1430米，面积达12公顷，江南桤木是这片乔木沼泽的建群种，这里几乎为江南桤木纯林，只有在林缘不积水的地方才有湖北海棠（*Malus hupehensis*）、交让木（*Daphniphyllum macropodum*）、多种山矾（*Symplocos* spp.）等伴生；灌木层也是以适应在沼泽生境生长的水竹占优势，草本也是以适应在沼泽中生长的永安薹草（*Carex yonganensis*）占优势。

江南桤木在《山海经》的《中山经》《东山经》中都有记载，那时叫"芑"，在其中《东山四经》中叙述了"又南三百二十里[①]，曰东始之山，上多苍玉。有木焉，其状如杨而赤理，其汁如血，不实，其名曰芑，可以服马"，意思是在东海之滨的东始山（可能在江苏省启东市）有江南桤木，看起来像杨树，其木材具有红色的纹理，其汁液可以涂在马身上用于驯马。在《中山经》的《中次十二经》中记载：在幕阜山、九岭山为主的山系中，在幕阜山、庐山、余干一带也都有江南桤木森林沼泽，而且周边也有银叶柳等分布。历代注解《山海经》的书对"芑"的注解都偏离了本树的情况，一般注解为杞柳，而实际上，不管是树形（如杨）的注解，还是对其分布的注解，都错解了。

　　江南桤木为落叶乔木，高约10米；树干笔直，树皮灰色或灰褐色，平滑；木材淡红色；鳞芽。具长短枝，叶多为矩圆形，边缘具不规则疏细齿，脉腋间具簇生的髯毛，侧脉6~13对。果序矩圆形；果苞木质。小坚果宽卵形；果翅厚纸质。

　　江南桤木及其同属种类植物是各地优良的行道树和景观树树种，尤其是江南桤木，可以在亚热带低海拔200米到海拔1400米的山间沼泽湿地生长，是帮助亚热带各库区涨落带生态恢复的首选。一般的树种耐受不了水淹，但江南桤木甚至同属的种类在我国西南或华北、东北可能有类似的表现。

（执笔人：李振基）

---

① 1里=500米。以下同。

层林尽染的树木
——乌桕

水润草木

让一个人确定乌桕是湿地植物还是非湿地植物，并非易事。原因有二：一是日常所见的乌桕是在校园、植物园或公路边的非湿地生境中出现；而没有在湿地生境中看到乌桕。就连《中国植物志》中也只有寥寥数字解说其生境："生于旷野、塘边或疏林中。""塘边"两个字并不能让你联想到湿地。

为什么大家没能在湿地生境中看到它？原因在于非湿地生境的乌桕是人工栽种，既然人种了，它也就勉强活着；原有的湿地生境已经被人改造为良田了，甚至在田埂上的乌桕也被认为会挡住水稻进行光合作用而被砍掉了。

乌桕实际上是亚热带平原区域的沼泽湿地的乔木沼泽的建群种。笔者这么说，既可以引经据典，也有笔者野外的大量调查数据做支撑。唐代的中医师苏恭在《唐本草》中就记述了"乌桕生山南平泽。树高数仞，叶似梨、杏。五月开细花，黄白色。子黑色。"明代的李时珍在《本草纲目》中也记述："乌桕，南方平泽甚多。"笔者在厦门杏林湾湿地、永安龙头国家湿地公园、武平中山河国家湿地公园都调查到了乌桕森林沼泽。这些地方的乌桕林因为处

乌桕（李振基/摄）

在湿地公园中而躲过一劫。

　　乌桕，乔木，高可达15米，各部都无毛而具乳状汁液；树皮有纵裂纹；枝广展。叶互生，叶片近菱形，全缘；入秋变紫红色或大红色，观赏效果极好。花单性，雌雄同株，聚集成顶生总状花序，雌花通常生于花序轴最下部，雄花生于花序轴上部。蒴果梨状球形，成熟时黑色，具3粒种子，种子扁球形，黑色，外被白色蜡质假种皮。

　　乌桕与江南桤木一样，都可以用于亚热带平原区域库区涨落带的生态修复，而且可以带来层林尽染的景观效果。

（执笔人：李振基）

捕食浮游动物的小草
——挖耳草

在南方山麓边坡一些积水的泥沼中，常常可以看到一片开着小黄花的小草；细看，小草上还有很多猩红色的小勺子，其植株不高，叶片细小。这是会捕虫的挖耳草。

挖耳草是狸藻科狸藻属的沼生小草本，具有丝状假根。匍匐枝丝状，叶器与匍匐枝具球形、侧扁的捕虫囊。花序直立，长2~40厘米，中部以上的花疏离；花萼2裂，达基部，果期增大。花冠黄色，长6~10毫米；具距，距钻形，与下唇成锐角或钝角叉开。蒴果宽椭圆球形。花期6~12月，果期7月至次年1月。

挖耳草产于暖温带至亚热带沼泽地、稻田或沟边湿地，也分布于印度、孟加拉国、马来西亚、菲律宾、印度尼西亚、日本和澳大利亚北部及中南半岛。

挖耳草是食虫植物，其囊形捕虫囊附着在叶器和匍匐枝上面，只有约1毫米的大小，肉眼不易见到。捕虫器的入口附近生有毛状结构，每当有微小的浮游动物游过，触动到这些毛发，捕虫囊的活门便会迅速打开，将水连同浮游动物一起吸入囊内，继而消化吸收。

挖耳草（黄黎晗/摄）

　　挖耳草所代表的多种狸藻（*Utricularia* spp.）都有类似的特点。如今，在水草造景中，狸藻也被广泛应用。

（执笔人：李振基）

　　在沿海，从南到北，从陆地到潮间带都多少受到海水盐度和风的影响，潮间带生境更不利于一般的植物生长，都有生理干旱、大风、潮汐、水淹等难以逾越的生存障碍，但在生物进化的进程中，生长在滨海湿地的植物却可以耐受这些逆境。海岸带又可以分为潮上带、潮间带和潮下带，潮上带有盐碱地，潮间带有裸滩和红树林，潮下带有海草床与海藻森林。

　　红树林的分布受地形地貌、高程、潮位、海水盐度、气温和海浪等因素的多重影响，是一个脆弱而敏感的生态系统。为了适应这样的生境，有些红树植物长出了支柱根，有些红树植物从根部长出了呼吸根，有些红树植物的果实成熟后留在母树上，"十月怀胎"。在生理方面，红树植物的细胞内渗透压很高，面对盐生环境，红树植物或避盐，或泌盐，或稀盐，或拒盐。

　　在海岸潮下带能够开花结果的草本维管束植物是喜盐草、川蔓藻等各种海草，而潮下带的藻类植物则是海带、紫菜等各种海藻，它们构成了海岸带不同的海草生态系统与海藻生态系统的基础，使这里成为了许多大型海洋生物甚至哺乳动物赖以生存的栖息地。

到海岸带考察湿地植物

水润草木——湿地植物

靠蛾类夜间传粉的树木

——玉蕊

　　玉蕊（*Barringtonia racemosa*）属于玉蕊科玉蕊属，在台湾叫"穗花棋盘脚""水茄冬"，在百年前中国南北都有分布，近年只剩几个小区域中有生长，如笔者所知，在台湾北部容易观察到的，仅台北东北角澳底、石碇溪出海口海岸有10多株自然生长的玉蕊原生树。这几株玉蕊树龄颇长，紧贴溪边岩壁生长，根部深入砂岩内，部分穿透岩石渗入溪中。这段河口海水随着潮汐会倒流入溪中，它的根部也可以长期耐受海水浸泡，树本身却无事一般，枝叶茂盛，年年开花结果。林下小苗簇拥，但难得看到长大的新一代，笔者对这个地区观察了数十年，至今老树们依然葱翠。玉蕊产于台湾、海南、广东和云南，生于热带地区林中。广布于非洲、亚洲和大洋洲的热带、亚热带地区。

　　玉蕊与中国南台湾中生长的滨玉蕊（*Barringtonia asiatica*，又名"棋盘脚树"）在树形外观上有些相似，花却差异甚大，滨玉蕊花开向上，达20厘米以上；玉蕊花开侧向，花也小了一大圈，只有8厘米。玉蕊性喜潮湿水岸，但如果直接种植于水中，只要水不是太深，也可以

玉蕊（李两传/摄）

长得很好。

玉蕊的拉丁学名居然有将近50种异名；分布范围之大，也是超乎人想象的。早年新物种发表时的同种印证显然没那么容易，于是乎广泛分布的种类就容易发生这样的现象。

玉蕊是小乔木，叶互生，纸质翠绿色，长30～40厘米；脉明显，微锯齿缘，边缘波浪形。花期4～10月，大的植株一棵可同时抽花数百串，一树的花同时开放蔚为壮观，常引得爱好者抢拍。其花夜间盛开，作者曾于某个农历七月夜间，在乡间路旁一棵盛开的花树下独自拍摄，相机闪光吓得过路的乡民远远驻足不敢过。

玉蕊的总状花序腋生，下垂，长可达1米；花可多至百朵，略为分层排列，每层1～4朵不定；花朵上下稍有

玉蕊（李两传/摄）

参差，整串看起来就像旋转的花炮；每日开一至数层，数朵至十多朵，但也有曾一次盛开五十二朵的纪录。花看似由上往下开，因花序下垂，实则是由下往上开。每串可开一周或更久，花粉红色；入夜后开始开，下半夜到盛开期，蛾类及夜行性小生物都会来采花，偶尔也会吸引蝙蝠到来，但蝙蝠是来采蜜还是来猎食小生物呢？笔者曾细数了几朵花，雄蕊数在190~194枚，不知是有定数还是有一个常数。而雄蕊长5厘米，雌蕊单一，长7厘米，差异不大。其果实长椭圆形或微四棱形，长5~7厘米，上宽下窄，假种皮成熟后纤维化，能承载种子漂浮，是一种海漂散播的奇特植物，种子单一。

因树耐干、耐湿、耐盐，花开壮观，又是稀有植物，经多年复育，目前台湾北部许多沟渠旁都种它当行道树，学校、公园也多有推广；虽其难重回野地，族群倒也渐趋稳定。

（执笔人：李两传）

红树林的代表树种
——红树

当我们来到海南清澜港红树林省级自然保护区，仿佛置身于红树林的海洋。这里及保护区周边河道中的红树林连绵不绝，面积达3万亩。这里的红树植物种类多，保护的时间久，里面有的红树树龄达百年以上，胸径达1.2米。在霞村岸边，成片的红树形成伟岸的景观。

红树是红树科红树属的乔木，高达10米；树皮黑褐色。叶对生，矩圆状椭圆形，两端尖，中脉下面红色；叶

红树（李振基/摄）

红树（王文卿/摄）

柄粗壮，淡红色；托叶长5~7厘米。花梗从叶腋中长出，有花2朵；有杯状小苞片；花萼裂片长三角形；花瓣膜质；雄蕊12枚，4枚瓣上着生，8枚萼上着生；子房上部呈钝圆锥形，花柱不明显，柱头2浅裂。果实倒梨形，略粗糙；胚轴圆柱形，略弯曲，绿紫色。花果期几全年。

红树产海南琼山、文昌、乐东、崖州；生于海浪平静、淤泥松软的浅海盐滩或海湾内的沼泽地；分布于东南亚热带、美拉尼西亚、密克罗尼西亚及澳大利亚北部。其支柱根发达，呼吸根多，可以耐受海浪与水淹；其胚轴较长，一插入泥土中，就有了身高优势；但红树不耐寒，也不堪风浪冲击，故长在有屏障的地方，如果在风浪平静的海湾，亦能分布至海滩最外围，但其耐盐。

（执笔人：王文卿）

当我们来到福建漳江口红树林国家级自然保护区，沿着堤岸走时，映入眼帘的是成片的绿色。有时涨潮，会发现这些树仿佛从水中长出一般。这就是红树林，红树林一般分布在热带亚热带河口、港湾风力比较小的海岸潮间带。在漳江口的红树林中，以秋茄树为主要组成树种。

秋茄树是红树科秋茄树属小乔木，又名"浪柴""红浪""茄行树""水笔仔""秋茄"，高可达10米；树皮红

秋茄树（李振基/摄）

185

秋茄树（李振基/摄）

褐色；枝粗壮，有膨大的节。叶片对生，椭圆形、矩圆状椭圆形或近倒卵形，全缘，叶脉不明显。开花的时候会发现花序是不断二叉分开的，叫二歧聚伞花序；其上面花的花瓣白色，雄蕊多数，长短不一，花柱丝状。果实圆锥形，胚轴细长，长12~20厘米，纺锤形，中部以下最粗，几乎全年开花结果。秋茄树分布于我国海南、广东、广西、福建、台湾，国外越南和日本也有分布，生长于河口、港湾的泥质海岸潮间带，也能生长在盐度较高的海滩。

我们看纸版植物志或中文电子版植物志时，会发现其原来的拉丁学名是"*Kandelia candel*"，关于其分布的文字中还没有删去原树种的"分布于印度、缅甸、泰国、越南、马来西亚、日本琉球群岛南部。模式标本采自马来西亚。"实际上这个物种在1753年林奈命名时称为"*Rhizophora candel*"，是放在红树属的，1913年德鲁斯（Druce）把这个物种移进秋茄树属，2003年谢默（Sheue）等人通过确定染色体数目、生理适应能力以及叶结构解剖发现中国的秋茄树与印度、缅甸、泰国、马来西亚等国家的秋茄树有所不同。中国的秋茄树叶片偏卵形，分成了两个种；分布于印度、缅甸、泰国、马来西亚的秋茄树因其模式标本采自马来西亚，保留了原名，中国的为"*Kandelia obovata*"。

海岸潮间带潮涨潮落，海水和土壤中的盐度也高，秋茄树为什么能够适应海岸潮间带的生境呢？它有一整套适应机制，在热带、亚热带地区，温度高，光照强，秋茄树叶可以反射一部分的光照。在其海水中盐度高的情况下，叶片中以低水势促使水分从土壤中泵到冠层。为了耐受潮涨潮落的动力，秋茄树会形成板状根，只是我们在有些波浪不够大的地方看到的秋茄树的板状根并没有那么发达；在海浪较大的地方，秋茄树还可以长出发达的支柱根。为了适应解决定居问题，秋茄树就在树上发芽，长出了长长的下重上轻的飞镖一样的胚轴；胚轴成熟时，当潮水退去，掉入泥中，下面就向下开始萌生根系，顶部就向上长枝叶。万一其掉入海水中，飘到远方适宜的港湾，也可以在新的地方落脚长成一片红树林。

秋茄树在湿地生态系统中除具有促进土壤沉积物形成、过滤有机物和污染物以及净化水质等重要作用外，还有抵抗潮汐和洪水冲击、减缓风浪、调节水流以及保护堤岸等功能。

（执笔人：王文卿、李振基）

海岸卫士中的排头兵——海榄雌

　　有这样一种森林，生活在热带和亚热带的海岸潮间带，潮涨而隐、潮退而现，幽秘神奇，这就是素有"海上森林"之称的红树林。红树林由红树科、爵床科、报春花科、棕榈科等的树种组成，海榄雌就是其中一种。海榄雌一般长在海岸的前沿，可以承受最强的惊涛骇浪，是红树林的先锋树种，享有"海岸卫士的排头兵"称号。

　　海榄雌属爵床科海榄雌属乔木，又名"白骨壤"，高可达10米以上。在红树林生态系统中，海榄雌往往形成单一的海榄雌林。海榄雌的树皮呈灰白色，看起来像白骨，因此有的地方叫其"白骨壤"；其叶薄革质，椭圆形，叶背有细短毛，在被海水淹没时，具有防水的作用。其花小，橘黄色，常数朵簇生于顶枝。果为蒴果，如同小桃子，熟时裂成两瓣，内含一粒种子。

　　海榄雌产于我国海南、广东、广西、福建、台湾，在非洲东部至印度、马来西亚、澳大利亚、新西兰也有分布。

　　作为红树植物，海榄雌同样具有特殊生境中的生存智慧：①为了解决呼吸问题，其在主干基部和主根的交接处会横向生长出缆根，再从缆根上往上长出突出地表的气生

广东湛江特呈岛海榄雌林内景观（王文卿/摄）

根，只有指头那么粗，高度在10～20厘米，称为"指状呼吸根"。呼吸根的表面有皮孔，空气可以通过皮孔进入呼吸根和缆根的皮层，并被运送到地下根系。②以胎生保护后代。其种子在果实内萌发，形成具有幼苗雏形的胚体；果实落下后，被海浪带到合适的沙质潮滩，胚体就能萌发生根，长出幼苗。③具有泌盐现象。其叶肉内有盐腺，能把盐分从叶背排出，因此其叶背上常能见到闪亮的白色盐晶。

其果实俗称"榄钱"，在海南岛也称为"海豆"，富含淀粉，无毒，可作为人类食物或猪的饲料，是红树林植被中被作为食物利用得最多、最广的。因此，白骨壤也被称为"海洋果树"。由于果皮中单宁含量高，直接吃会让人感到很涩，食用前需焯水，再清水浸一天。

（执笔人：王文卿）

189

色彩斑斓的半红树植物
——海滨木槿

海滨木槿（*Hibiscus hamabo*）是一种从舟山群岛走出去的园林植物，以至于笔者不论是在海边看到与众不同的它，还是在浙江杭州的园林里看到满树黄花的它，都会有一种独特的感慨和自豪感。

海滨木槿叶片呈圆形、带尖，花期6~10月，在野外可以长到7~10米高。海滨木槿又名"海槿""海塘苗木""日本黄槿""黄芙蓉"。海滨木槿产于浙江、福建、广东、江苏沿海海滨盐碱地上，在国外日本和朝鲜也有分布。舟山群岛是其分布较多的区域之一，因此也是最早开发其作为园林植物应用的地区。

在舟山的一片海塘内就种植了大规格的海滨木槿，呈现一片条带种植的树林。每当进入7月，鹅黄色的花朵就会密密麻麻地出现在枝头的顶端，给夏日的海塘点缀黄色条带。时间推移到了秋天，海滨木槿叶子从绿色变成了黄色，再从黄色变成了红色；秋末，处于不同变色阶段的海滨木槿在海塘内侧仿佛打翻了调色盘，给海塘戴上了五彩斑斓的围巾，而且还是每天不重复佩戴的魔法围巾。

当地人在海塘内侧种植海滨木槿也是有原因的，其主

海滨木槿（李振基/摄）

海滨木槿（陈斌/摄）

要在于海滨木槿具有耐水湿、耐盐碱、抗风、耐瘠薄等诸多特点：从对海水的耐受性角度来看，海滨木槿可以在海边含盐量达到1.5%的滩涂的沙质土壤中生长。科学家曾经做过调查发现，海滨木槿的根部每天被海水泡上十几分钟，都还能正常地开花和生长；海滨木槿大约在1500万年前与其他木槿属物种发生分化，开始走向滩涂。其次是抗风能力，海滨木槿韧性强，树枝跟结香类似，能够扛住大风；再次是耐瘠薄，海滨木槿在岩石裸露的贫瘠丘陵山地也能正常地生长。

海滨木槿在海滨沙地的自我更新良好，在大片的海滨绿化带里，老、中、青三代海滨木槿共同成长，组成了一片生机盎然的防护林。外表柔弱、内心坚强是海滨木槿真正强大的秘密所在。

（执笔人：陈斌）

到海岸带考察 湿地植物

191

花序如同蜡烛的水草
——水烛

《孔雀东南飞》中有："君当作磐石，妾当作蒲苇。蒲苇韧如丝，磐石无转移。"其中的"蒲苇"指的就是香蒲科香蒲属植物。香蒲属约16个种，分布于热带和温带地区，中国有12个种（其中包含3个中国特有种）。

水烛是香蒲属的一种，其茎有根状茎和地上茎之分。根状茎匍匐在地下，乳白色。地上茎直立，比较粗壮。雄花序成熟后，花粉随风飘散；雄花序也逐渐掉落，剩下一截光秆。雌花序授粉后变成黄褐色的"香肠"，这是水烛的果实，里面紧紧包裹着数以万计粒种子；当果实成熟之后，毛絮携带着种子，随风飘荡在空中，寻找新的落脚点生根发芽。因为这种特殊的果实，它们还有其他一些比较有意思的名字，比如"香肠草""水蜡烛""棒棒草"等。

水烛在全国各省份都有分布。在国外分布于亚洲北部、欧洲、大洋洲、北美洲等地。生长于浅水湿地、沼泽、溪流浅水和沟渠边，水深达1米或更深，沼泽、沟渠中亦常见。

水烛具有较高的生态价值，能够净化污水中的营养物、重金属和有毒物质，通过采用生物的或化学的方式进行吸收、分解、转化、固定，起到净化水质的作用。水烛扎根在底泥之中，以底泥为生长基质，能够帮助实现水体与底泥中营养物质的循环，降低沉积物中的营养物质和重金属含量。同时，湿地底泥中蕴含丰富的营养物质、动植物残体等，为水烛提供一定的能量和栖息地，又会成为水体污染物的源或汇。水烛作为底泥与水体间的桥梁，在二者的物质转换中起到关键性作用。

　　水烛的作用不限于生态净化，实际上在衣食住行等各领域都有它的踪迹。水烛的干燥花粉即为"中药蒲黄"，具有止血、化瘀、通淋等功效。以前农村没有蚊香，农民将水烛芯晒干后点燃驱蚊；收集水烛花絮充当枕头、床垫的填充物，这些花絮还会散发阵阵清香；它的叶子含坚韧的纤维，可以用来编制蒲席等用具，一些地方还拿它来包粽子；它的纤维还可以用来造纸，南美印第安人甚至拿它来造船。香蒲属植物根部的淀粉在发酵后会产生乙醇，相关研究人员已经在考虑将香蒲属植物作为新型生物能源作物。

水烛（李振基/摄）

水烛（李振基/摄）

　　水烛不同食用部位的叫法各不相同，根状茎当作蔬菜食用时称作"草芽"，为植株的根状茎顶端的幼嫩部分，一般长20～30厘米，因形似象牙，也被称为"象牙菜"。植株幼嫩的叶鞘（假茎）当作蔬菜食用时被称作"蒲菜""蒲儿菜"。历史上，蒲菜产区主要是江苏淮安、山东济南和河南淮阳，分别称为"淮安蒲菜""大明湖蒲菜"及"淮阳蒲菜"。淮安蒲菜（新鲜蒲菜）为国家农产品地理标志产品，当地有"蒲菜佳肴甲天下，古今中外独一家"之说，指的就是淮扬菜中的精品菜"开洋扒蒲菜"。

（执笔人：夏雯、安树青）

来源于咸水的席草

——短叶茳芏

草席，大家都用过，特别是上了年纪的人，但对于制作草席的原料席草，估计多数人都不知道它长什么样。经调查，全国各地可作为草席的原料植物不止一种，有蔺草（即灯心草）、水烛、莞草（音guān，指莎草科的水葱或短叶茳芏）。

湖南长沙马王堆汉墓一号墓中出土的座席，据专家考证，注明"莞席，以麻线为经，莞草为纬编成，素娟包缘"的字样，这表明莞草织品在汉朝就已经开始有了。陈伯陶主编的《东莞县志·物产》中记载："莞草，出厚街桥头沿海诸乡潮田所种。"又据《宋起居注》记载："广州刺史韦朗，作白莞席三百二十领。"据此可知，南北朝刘宋时期，草席已经被大量生产。这说明莞席已有悠久的历史。

今天，各地已经很难找到编织草席的人，席草亦不多见。

短叶茳芏是莎草科莎草属的沼生草本植物，匍匐根状茎长，近木质；秆高80~100厘米，锐三棱形，基部具1~2片叶；叶片短，平张；叶鞘长，包裹着秆下部。长

短叶茳芏（陈炳华/摄）

侧枝聚伞花序复出；穗状花序松散，小穗开展，线形；鳞片排列疏松，厚纸质，红棕色；雄蕊3枚，花药线形；花柱短，柱头3，细长。果实为小坚果，成熟时黑褐色。花果期6~11月。分布于广东、海南、台湾、福建、广西沿海河口的河沟、滩涂淤泥生境，咸水或半咸水岸边。在福建龙海石码一带，短叶茳芏的茎秆油亮平滑，往往密集成丛，远看一片亮绿色；由于叶片短，密集，远看仿佛只有秆一般。其小穗极展开，线形，这是短叶茳芏区别于其他淡水生境莎草科植物的重要特征。

短叶茳芏又称"咸水草"，但并非要生长于海边的最前沿，在闽江河口也成片生长着短叶茳芏，一直延伸到半咸水的水域，如福州三县洲大桥下的江心公园周边。武汉植物园也引种成功，所以其对南方湖的周边河流湿地造景或生态恢复的意义是很大的。

（执笔人：陈炳华）

碱蓬是苋科碱蓬属的一年生植物，是中国海岸滩涂与内陆盐碱地常见的湿地植物。通常在立秋节气过后，在辽宁一带的海岸线上会出现一片红色海洋，这就是碱蓬秋季叶片颜色转红在大地上的景象。这样的红海滩只要去过一次，就会给人留下深刻印象。红色的海滩在蓝天下无边无际，就好像是海、天、大地、植物共同组成了一幅画卷。

对于如此壮观的场景，笔者翻遍了古代典籍，却没有找到一首形容碱蓬的诗，可能是因为其不起眼吧。可是，一株柔柔弱弱的小草却让海滩变得甚是美好。在碱蓬柔弱外表之内却隐藏着不为人知的神奇秘密。为了应对盐碱，碱蓬的叶片肉质化，细胞内离子区域化，渗透调节物质增加，抗氧化系统能力增强，是其响应和适应盐胁迫的重要方式和途径。

在旱涝严重的年头，人们会把碱蓬当成救荒粮，在今天，在每年春季碱蓬长出地面时，人们还会采摘它的鲜嫩枝叶，用来制作各种美味。它和其他野菜的区别在于它本身有一点点咸味，做菜不用放盐。

碱蓬还是古代中国北方地区碱的重要来源，人们会从

碱蓬（陈鹭真/摄）

盐碱地采集来大量碱蓬，在地上挖一个大坑道，把碱蓬放入坑道中，用火慢慢焖烧，只需要一天不到的时间，碱蓬里面的水分就已经消失不见，剩下的蓝色的固体就是烧碱。这是古人最重要的化学原料，既可以用它来蒸馒头，又可以用它洗头洗衣。这是人类利用了植物的富集作用。这种碱蓬干枯后烧出来的灰就叫作"蓬灰"，其主要化学成分是碳酸钾，它和现代的食用碱有相同的功效，加入面里之后感觉会更劲道，它也是传统兰州拉面的天然"拉面剂"。

碱蓬可以耐受盐碱，改善滩涂土壤环境，减少土壤表层含盐量，增加土壤有机质含量，提高土壤中氮、磷、钾的含量，为后续植物的进入提供了可能。粗壮的根系是修复滩涂的巨大动力，巨大的脱盐能力给予它们自信的底气。它可以借助地下庞大的根系，吸收盐碱地中的盐分，当盐分蓄积到叶片上之后，尝起来就有少许的咸味。除了这些，碱蓬的生长还能给各类滩涂上的生物提供食物，给海边的水鸟提供遮蔽之处。

碱蓬还是潮汐水道守护者。在已经形成的潮汐水道中，水流的速度加快，加大了水道中水的侵蚀和冲刷的能力；而水道岸边因盐地碱蓬分布被加固，使水流侵蚀速度变慢，使得潮沟的沟岸基本不被破坏。使得水道稳定下来，用更简单的话来说，起到了一个在土壤中加入钢筋的加固作用，使得潮汐水道有了真正的模样——不会轻易改变的模样。

在沿海滩涂地域进行绿化是一个大难题。在这些绿色植物生长的禁区里，碱蓬提供了绿化的另外一种可能。在不少地方已经开始尝试碱蓬的种植。

（执笔人：陈斌）

到海岸带考察

湿地植物

海草床家族的代表——喜盐草

喜盐草亦名"海蛭藻""卵叶盐藻",属于水鳖科喜盐草属的多年生水生草本植物。与陆生种子植物相比,在潮下带海水中生长的种子植物——海草的种类是极其稀少的,全球已报道的海草仅有约72种,其中30%为喜盐草属的海草。它的匍匐根状茎埋在泥沙中,一年四季都能发芽和生长;即便当喜盐草衰老,叶片枯萎脱落,其埋在泥沙中的根状茎也能再萌发新芽,冬去春来,喜盐草仍能茂盛地生长。生态学上,它具有"开拓种""先锋种"的特征,被认为"虽微小但强大",通常能在被干扰后快速恢复。

喜盐草在不同的生长环境中具有不同的植株形态、生长特征和生活策略,其既有一年生的,也有多年生的。相对于多年生的海草种群,一年生的海草生长速度快,种群数量变化更快、更大,可在8个月内完成整个生活史(从种子萌发、长成幼苗到成年植株开花、结果直至植株死亡)。

喜盐草能够生长在中潮带至潮下带60米水深处柔软的泥沙质或者珊瑚礁中,且对温度和盐度有较大的适应

喜盐草（邱广龙/摄）

性。其在国内主要分布于台湾、海南及广东雷州半岛，在国外分布于亚洲大陆东南沿海和马来西亚、菲律宾等地。

喜盐草作为亚热带海草床的优势物种，在潮间带能形成大片海草床，对近海生态系统发挥着重要的生态服务功能。虽然喜盐草的面积占海洋总面积的比例很小，但其具有极高的初级生产力，不但可以作为重要初级生产者，同时可以为海洋动物提供栖息、繁育和保护场所。它可以改变水体动力，减少水流对海底的扰动，还可以在水流中过滤沉积物和营养物质，有助于稳固底质和保持海水的透明度。

尽管喜盐草属海草有较快的生长速率，对盐度适应范围较广以及有较高的种子产量，但其种子损失率较高、种子具有休眠机制、种子萌发率较低等因素可能会造成喜盐草种群更新速率较低。加之喜盐草所生长的潮间带是地球上人为干扰最严重的地区之一，近年来，受滨海地区硬底化的开发（如围填海、人为挖掘、拖网、养殖等）带来的

喜盐草（邱广龙/摄）

生境丧失的影响，喜盐草组成的海草床遭到严重破坏，因此对喜盐草海草床采取保护和修复措施刻不容缓。

由于喜盐草经常出现在红树林区，而不少有喜盐草分布的红树林区本身就隶属于某些自然保护区的管辖范围（例如，我国的海南东寨港国家级自然保护区、广西北仑河口国家级自然保护区、广西山口国家红树林生态自然保护区等），因此可考虑把喜盐草增列为这些红树林保护区的保护对象。此外，一些喜盐草生长在沿海地区的盐田或是废弃的虾塘里，可以采用迁地保护，以挽救生长在这类生境中的喜盐草。

（执笔人：黄义强、张文广）

川蔓藻属于单子叶植物，它不是藻类，而是一类可以完全生活在海水中的高等被子植物。川蔓藻整体为沉水草本，地下根茎质硬，地上茎分枝多，呈丛生状，散布展开面面积可达1平方米。在水下或水面进行自花或异花授粉，其种子和花粉的形态特征比较清晰。川蔓藻在不同水深条件下具有不同的繁殖特征，在较浅的水体中植株多分枝，节间距较短，匍匐生长，一年生，种子繁殖；在深一些的水中植株向上，节间距较长，花梗长而弯曲，营多年生，种子或营养繁殖。

川蔓藻的生长强烈依赖光照，浑浊的和阴影的环境可造成川蔓藻茎叶的衰弱以及其光合作用的减弱，从而导致其生长期的延长。鱼和水鸟等动物消费一定数量的川蔓藻，同时也可成为它的传播者。除上述水物理环境对川蔓藻生长的影响外，水化学环境的影响也十分重要，其中以盐碱最为关键。在其盐碱耐受范围内，川蔓藻可进行正常的呼吸、光合等生理代谢活动，植物生长良好，但在其盐碱耐受范围外，随着盐度的升高，川蔓藻植株叶片分枝较少，枯黄脱落，伴随烂根现象出现，植物生长缓慢甚至

203

川蔓藻（王文卿/摄）

死亡。

川蔓藻多生于海边盐田或内陆盐碱湖。其在国内主要分布于辽宁、甘肃、青海、新疆、山东、江苏、浙江、福建、台湾、广东、海南、广西等地，全球温带、亚热带海域及盐湖等地也有分布。

川蔓藻是一种近乎全球分布的沉水植物，具有较大的生态作用。它可以为底栖无脊椎动物、鱼类、水鸟和其他生物提供食物、栖息地和避难场所，对维持生物多样性意义重大。此外，川蔓藻还具有改善水质和保护堤岸的功能，以及能够有效地吸收某一些盐类。

但近几十年来，川蔓藻正遭受不同程度的破坏，许多大型的川蔓藻天然海草床已严重退化，种群衰退严重。人们正采取措施进行川蔓藻生境的保护、管理和生态功能的利用。我国在黄河三角洲、香港和华南沿海等地区利用川蔓藻吸收氮、磷等盐类，促进有机质腐解，以及改善污染较重、极度富营养化的近海海水状况获得成功。这对于当今日益严重的海洋环境污染治理具有一定的积极意义。

（执笔人：黄义强、张文广）

海带可以说是非常常见的海藻类食物，被称为"海上蔬菜"。在丰收季节的滩涂上，挂海带的竹竿错落有致排列在港湾水道两边，形成了优美的线条，"植于大海伴晴空，柔韧痴迷碧浪中"，构成了独特的滩涂风景，十分壮观。

海带是海带科褐藻，又名"纶布""昆布""江白菜"。海带是海带目将近100种大型藻类植物中的一员，我国自古以来供食用的有裙带菜（*Undaria pinnatifida*）和鹅掌菜（也叫"昆布"，*Ecklonia kurome*）。海带的藻体为长条扁平叶状体，褐绿色；有两条纵沟贯穿于叶片中部，形成中部带；一般长1.5~3米，宽15~25厘米，最长者可达6米，宽可达50厘米。

中国古籍中的"昆布"并非都是海带，三国魏吴普的《吴普本草》里面说昆布是"纶布"的别名。李时珍考证"纶布"就是《尔雅》中的"纶"，是中国东部海域中的原产海藻，曾呈奎先生认为这种"昆布"是鹅掌菜。而宋代开始出现的各本草书中的"海带"是大叶藻（*Zoster marina*）或虾海藻属（*Phyllospadix*）的海藻，这些名称容易混淆。

海带（张淑梅/摄）

　　海带在养殖收获后，一般晒干或盐卤保存，再销售到全国各地。作为可食用植物，海带可以用来煲汤或炒食。同时，海带含有褐藻胶、甘露醇、多种维生素及丰富的碘，中医认为其具有清热化痰、软坚散结、利水等功效。

　　由于现在养殖动物的数量增加，产生的粪便和残饵直接或间接排到海里，而海带可以吸附这些有害物质，解决海水的富营养化问题。发展海带的规模化养殖，对治理我国近海的富营养化也具有重要意义。

　　海带，拥有朴素的外表、恬静的性格，看似随波逐流、无枝可依，但在真正的风浪来临时，却又坚忍不拔，从容应对。海带那不服输却又柔韧有余的状态像极了风中的劲草。

（执笔人：黄冠、安树青）

　　紫菜是生长在沿海潮间带紫色、可食的红藻。紫菜不单指一种红藻，而是一大类红藻的统称。紫菜最显著的特征是呈红紫、黑紫、绿紫等颜色的薄膜状藻体，像一片叶子，故又被称为"叶状体"。

　　最新研究表明，我国沿海自然分布约15种紫菜，北起辽宁、南至海南的沿海潮间带有合适其附着的基质的地方均有紫菜的分布。我国主要栽培的紫菜物种有条斑紫菜（*Neoporphyra yezoensis*）和坛紫菜（*Neoporphyra haitanensis*），江苏省是我国条斑紫菜主产区。在我国，条斑紫菜自然分布于辽宁、河北、山东和浙江北部沿海地区，坛紫菜主要分布于浙江、福建和广东东部沿海。那么如何在餐桌上把它们区分开呢？倒是有一个大致的区分方法：用来加工成海苔的一般是条斑紫菜，一般是切得方方正正的干薄片；坛紫菜的食用方法相对传统，一般是晒干加工成圆盘状出售。

　　在我国东南沿海，我国渔民很早（960—1279年）就在特定季节通过人工清除岩礁上的杂藻和动物来增产紫菜，这种岩礁被称为"紫菜坛"。约150年前，人们发现

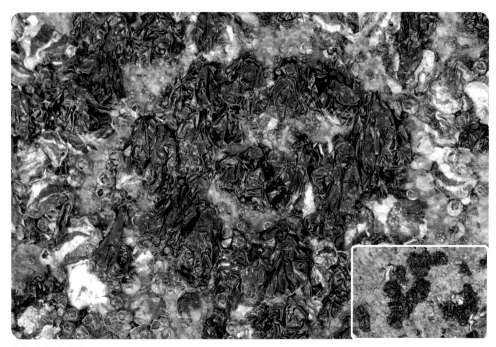

紫菜（刘毅/摄）

石灰水划过的紫菜坛面的紫菜长得特别茂盛，因而创造了用石灰水处理岩礁以增产紫菜的方法。至今，该方法在福建沿海某些海岛上仍然被沿用。

我国很早就有食用和药用紫菜的记录。寻找最早的记载可以追溯到1700多年前西晋左思所著《三都赋》，其中的《吴都赋》曾提到"江蓠之属，海苔之类。纶组紫绛，食葛香茅"，据后人注释，其中"紫"乃"北海中草"。紫菜味道鲜美，营养价值较高，其蛋白质含量居各种蔬菜之冠，多食紫菜可保持肠道健康；紫菜碘含量较高，多食紫菜对孕妇、儿童以及缺碘性甲状腺肿大者十分有益；紫菜中还含有极丰富的维生素、类胡萝卜素和核黄素等，对人体十分有益。澄海民间流传一首诗"神女怡然卧清波，青川秀水汇双河。汪洋浪险育灵物，紫菜层层蕴宝多"是对

紫菜（李两传/摄）

紫菜含丰富的营养和具养生价值颇为生动的描述。

　　紫菜一般呈现鲜紫褐色或微蓝色。这是因为紫菜中含有一种叫作"藻红素"的特殊色素蛋白。海洋特殊的光照环境使得只有波长较短的绿光和蓝光能够被海水吸收掉，因此紫菜"定制"了能高效吸收绿光和蓝光的藻红素。藻红素是可以溶解于水的，并且这种色素蛋白不稳定，遇热容易分解。所以，在煮汤温度升高后，失去藻红素的紫菜就褪去了原有的紫色。

　　　　　　　　　　　　（执笔人：夏雯、安树青）

　　前面介绍的植物，在一生中几乎都扎根在水中，在水陆交汇的陆地上，免不了在生长过程中受到积水的影响。这些植物长期适应这样的生境，一般都要求生境潮湿；个别植物虽然喜欢潮湿，却可以耐旱。陆地上的湿生植物种类更多，很多科属的植物都可以说是湿生植物，除下文中介绍的凤仙花科、秋海棠科、鸭跖草科、唇形科等类群外，蚌壳蕨科、蹄盖蕨科、金星蕨科、凤尾蕨科、紫草科、堇菜科、罂粟科、十字花科、石竹科、龙胆科、鸢尾科、母草科、柳叶菜科、野牡丹科、列当科、报春花属、过路黄属、半边莲属、天南星属、变豆菜属、苋属、马蓝属、紫菀属、橐吾属、大戟属、金丝桃属等科属中大部分种类都是湿生植物。

在陆地上分辨湿生植物

水润草木——湿地植物

聪明的湿地植物
——芋

芋（*Colocasia esculenta*）又名"芋头""水芋""芋岌""毛芋""毛芋"等，古时还称"土芝""莒"，是世界上最古老的农作物之一，起源于我国和印度、马来半岛等的热带沼泽地区。我国早在《史记》中就有记载："岷山之下，野有蹲鸱，至死不饥，注云芋也。盖芋魁之状若鸱之蹲坐故也。"文中所说的"蹲鸱"，就是指的芋，因状如蹲伏的鸱而得名。北魏贾思勰的农书《齐民要术》里，专门辟有"种芋"一节，称："芋可以救饥馑，度凶年。"明代黄省曾撰写的农书《种芋法》一卷四篇，详细介绍了芋的各种称谓和种类、食用芋注意事项、栽培技术和方法及世人种芋的历史。

芋是多年生高大湿生草本植物。块茎通常卵形，常生多数小球茎，均富含淀粉。叶2～3枚或更多；叶柄长，叶片卵状，长20～50厘米。佛焰苞长短不一，肉穗花序短于佛焰苞；雌花序位于下部，中性花序位于中部，雄花序位于上部。芋与天南星科其他植物一样，利用花的味道招引蝇类来帮忙传粉，来自其他植株的蝇类把芋雄蕊的花粉带到佛焰苞中，掉入陷阱，花粉被带到雌蕊的柱头上，帮助传

芋（李振基/摄）

粉。另外，芋为了保全自身，利用叶柄与叶片中的化学成分，让小昆虫不敢食之。芋的叶柄和叶片都具有防水的细微结构，可以长在水中而不受影响；下雨之时，叶面上的水滴也被叶片甩出去，滴水不存。

　　经长期选种培育，芋有多个品种：①多头芋：植株矮，一株生多数叶丛，其下生多数母芋，子芋甚少，粉质，味如板栗。台湾山地栽培的狗蹄芋、广西宜山的狗爪芋都属于此类。②大魁芋：母芋单一或少数，植株高大，分蘖力强，产量高；母芋甚发达，粉质，肥大而味美，生子芋少，如台湾、福建、广东等热带地区常见的槟榔心、竹节芋、红槟榔心、槟榔芋、面芋、红芋、黄芋、糯米芋、火芋等。③多子芋：子芋多而群生，母芋多纤维，味不美，分蘖力强，子芋为尾端细瘦的纺锤形，易自母芋分离。栽培其的目的是采收子芋。我国中部及北部被栽培者多属此类，如台湾的早生白芋、乌柿芋，而浙江的白梗芋、黄粉芋、红顶芋、乌脚芋等品种具红色或紫色叶柄，也属此类。

　　芋的块茎可食，可做羹菜，也可代粮或制淀粉，自古被视为重要的粮食补助或救荒作物，台湾地区雅美人至今以芋为主粮；其叶柄可剥皮煮食或晒干贮用。

芋的块茎入药可治乳腺炎、口疮、痈肿疔疮、颈淋巴结核、烧烫伤、外伤出血；叶可用于治荨麻疹、疮疥。

随着人民生活水平的提高，对有较高营养价值和药用价值的芋的需求也不断加大。近年来，水生蔬菜的国际地位不断提升，使中国的芋走出国门，并且成为世界芋出口第一大国，其产业的发展促进农民就业增收，解锁了乡村振兴的密码。

（执笔人：江凤英、李振基）

在全国各地，除青藏高原以外的河岸、湖畔、溪沟边，甚至是在潮湿的坡地上，都容易见到一种高而直的美丽的湿生草本植物。其叶对生；花紫红色，缀满枝头。这是千屈菜。

千屈菜是千屈菜科千屈菜属的多年生草本，其根茎横卧于地下，粗壮；茎直立，多分枝，高可达1米。全株青绿色，被毛，枝通常具4棱。叶对生或三叶轮生，披针形或阔披针形，长4～10厘米，宽8～15毫米，略抱茎，全缘。花组成小聚伞花序，整个花枝形似一大型穗状花序；苞片阔披针形至三角状卵形；萼筒三角形；具针状附属体；花瓣6枚，红紫色或淡紫色，有短爪，稍皱缩；雄蕊12枚，6长6短，伸出萼筒之外；子房2室，花柱长短不一。蒴果扁圆形。

千屈菜产于全国各地，各处均有栽培；生于河岸、湖畔、溪沟边和潮湿草地，几乎遍布全球。

千屈菜是花卉植物，我国华北、华东常将其栽培于水边或作盆栽，供观赏，亦称"水枝锦""水芝锦"或"水柳"。

千屈菜（李两传/摄）

千屈菜全草入药，治肠炎、痢疾、便血；外用于外伤出血。

千屈菜的每一朵花并不大，但聚众成势，形成花穗，多枝从根茎上丛生而出，自然地或人工种植在湿地生境形成片；开花时节，渐次从基部往上开，远观是一片紫色花海，加上绿色和其他颜色的衬托，极为美丽。

千屈菜的雄蕊12枚，6长6短排成内外2轮。在自然条件下，这种特殊的雄蕊构造对于蜜蜂类与蝇类有着特别的吸引力，可能会招引来蜂类、蝇类、蝶类、蚂蚁等帮忙传粉。

（执笔人：李两传）

当我们需要健脾去湿，去除体内多余的湿气时，我们首先会想到薏米或薏苡，这两者是有区别的。薏苡是相对野生的种类，其总苞硬，可以用来穿项链；而薏米是从薏苡中选育形成的变种，其总苞薄而软，容易脱壳加工成我们常见的食材薏米。

薏米（*Coix lacryma-jobi* var. *ma-yuen*）是禾本科薏苡属的一年生粗壮湿生草本，其须根黄白色，海绵质。秆直立丛生，高可达2米，节上多分枝。叶鞘短于其节间；叶舌干膜质；叶片扁平宽大而开展，长10～40厘米，宽1.5～3厘米。总状花序腋生，具长梗。雌小穗位于花序之下部，外面包以甲壳质念珠状之总苞；总苞卵圆形，甲壳质，有纵长直条纹，质地较薄，揉搓和手指按压可破，暗褐色或浅棕色；第一颖卵圆形，包着第二颖及第一外稃；第二外稃短于颖，具3脉，第二内稃较小；雄蕊常退化；雌蕊柱头细长，颖果大，长圆形，长5～8毫米，宽4～6毫米，厚3～4毫米，腹面具宽沟，基部有棕色种脐，质地粉性坚实，白色或黄白色。雄小穗2～3对，着生于总状花序上部，长1～2厘米；雄小穗长9毫米，第

薏米（李振基/摄）

一颖草质，第二颖舟形；外稃与内稃膜质；雄蕊3枚，花药橘黄色。花果期为7~12月。薏米产于我国南北各省份海拔2000米以下的屋旁湿润的地方、池塘、河沟、山谷、溪涧或易受涝的农田之处，野生或栽培。热带、亚热带的湿润地带均有种植或逸生。

根据遗传学研究，水生薏苡（*Coix aquatic*）是原始种，只分布在云南屏边、景洪一带。古人意识到其既可食用，又可以药用，于是选育出了薏苡，人们在今天的广西找到了薏苡适宜生存之地，因此广西有丰富的薏苡种质资源。然后，古人又在七千年前选育出了薏米。古人将其作为治疗湿疹、坐骨神经痛、风湿性关节炎、慢性阑尾炎、肠炎、小儿厌食症、扁平疣、传染性软疣、尖锐湿疣等的药物。选育出薏苡与薏米之后，它们在后来被人类带到了全国其他地区与全世界。

薏米的学名也叫"马援薏苡"。东汉时期，马援将军南征岭南时发现军士食薏米可以避免瘴气的危害，于是把薏米带到了北方。我们看其学名时发现还有 *Coix chinensis* 的表达，但这个词是1861年命名出现的，而林奈早在1753年就命名了 *Coix lacryma-jobi*。这两者是同一个物种，根据国际惯例，自然是采用了 *Coix lacryma-jobi*。薏米曾经被命名为 *Coix ma-yuen*，在台湾的薏米也曾经被命名为 *Coix chinensis* var. *formosana*，但两者都是薏米，薏米与薏苡的亲缘关系不足以将其定为两个种，因此，把薏米作为薏苡的一个变种。

薏米不是大宗粮食，脱粒相对麻烦，尽管历史上很多地方引种栽培，但现在零星散布在不同的地方，产地主要有广西隆林和武鸣、贵州兴仁和锦屏、福建宁化与浦城、湖南宝庆和新宁、重庆酉阳和南川、广东深圳、湖北蕲春等地。

从景观角度看，薏米和薏苡都是值得在湿地生境用于造景的，三两株低头弯腰的薏米，挂着亮晶晶的果实，显得很飘逸，其生长期长，应用价值高。

（执笔人：李振基）

可供提取清凉药剂的草——薄荷

薄荷（*Mentha canadensis*）是一种有经济价值的芳香作物，始载于《新修本草》："薄荷，味辛、苦，温，无毒……茎方，叶似荏而尖长，根经冬不死，又有蔓生者，功用相似。"后世多沿用"薄荷"一名为其正名。薄荷在唐朝已有种植，以作食物或药用。宋代《本草图经》记载了我国江浙和新罗（今朝鲜）的2个薄荷产地，《宝庆本草折衷》记载了其南京（今河南商丘）、岳州（今湖南岳阳）和吴中（今江苏苏州）3个产地。我国近现代薄荷产区主要集中在江苏、安徽、江西、四川等地，以江苏为道地产区，此后皆认为"苏产者良"，即苏薄荷品质最佳。

薄荷属家族大约有30位成员。不同种之间都可以产生杂交关系，产生的各种栽培品种让这个家族显得极度混乱。加上不同种的气味和形态差别不大，更是让其种的分辨变得困难重重。薄荷属原种有薄荷、田野薄荷、留兰香等；变种有凤梨薄荷、西昌野薄荷等；栽培品种有巧克力薄荷、葡萄柚薄荷、薰衣草薄荷等；唇形科其他属广义上的薄荷植物还有柠檬香蜂草、夏香薄荷、冬香薄荷、金钱

薄荷（陈炳华/摄）　　　薄荷（江凤英/摄）

薄荷、猫薄荷等。江苏省曾从世界各国引进薄荷植物栽培试种，建立了江苏省中国科学院植物研究所薄荷种质资源圃，收录了大量种质资源并开展了相关研究。

　　薄荷是唇形科薄荷属多年生草本，高30～60厘米，全株青气芳香。茎直立，方形，下部数节具纤细的须根及水平匍匐根状茎。叶对生，长圆状披针形，叶边缘有细锯齿。花序腋生，花小，淡紫色，唇形，花后结暗紫棕色的小粒果。

　　薄荷的主要用途是用于制造薄荷油。薄荷原油主要用于提取薄荷脑（含量77%～87%），提取出的薄荷脑会被添加到糖果饮料、牙膏之中，那些让我们感觉到清凉的药剂也有薄荷脑的成分。提取薄荷脑之后的油被称为薄荷素油，牙膏、牙粉、漱口剂、喷雾香精及医药制品中的清凉就靠它们了。

　　薄荷之所以清凉，在于其薄荷脑等化学成分的功效。这些成分对于人类来说，有清凉的作用，但对于薄荷本身来说，实际上是起保护作用的。在与动物协同进化的进程中，薄荷浓郁的气味让很多昆虫敬而远之，而只有弄蝶、灰蝶等少数鳞翅目昆虫在其开花时节被其花蜜所吸引，远道而来，把喙伸入花冠管基部吮吸。当它们陶醉在花蜜中的时候，薄荷已经利用杠杆原理，把花药上的花粉撒在了昆虫的身上。当这些昆虫飞到另外的薄荷植株上时，该植株雌蕊柱头上获得花粉，受精结果，便开始传宗接代的新征程。

常见的薄荷品种有皱叶留兰香和胡椒薄荷：与皱叶留兰香相比，胡椒薄荷的叶片显得更为瘦长；皱叶留兰香花开在顶端，而胡椒薄荷的花朵开在叶腋。

（执笔人：李振基、江凤英）

在房前屋后，田野路边，溪沟之中，甚至在丹霞地貌的岩石上都可以看到一种矮小的草，其叶片仿佛竹叶一般，开着深蓝色的花，很引人瞩目，这是一种叫鸭跖草的植物。

鸭跖草是鸭跖草科鸭跖草属的一年生湿生草本植物。茎匍匐生根，多分枝，长可达1米。叶卵状披针形。总苞片佛焰苞状，绿色，具柄；聚伞花序，下面枝上的一朵花不孕；上面1枝上具3~4朵花；萼片3枚，膜质；花瓣3枚，内面2枚深蓝色，具爪，另1枚白色，退化；雄蕊6枚，2枚能育而长，1枚中等长度，3枚退化，雄蕊顶端裂成蝴蝶状；雌蕊1枚或缺如。蒴果椭圆形，2室，2片裂，有种子4粒。

鸭跖草极为常见，在全国各省份的湿地中都有分布；越南、朝鲜、日本及俄罗斯远东地区和北美洲也有分布。

鸭跖草自古以来也作为消肿利尿、清热解毒之良药，其对睑腺炎、咽炎、扁桃腺炎、宫颈糜烂、腹蛇咬伤有良好疗效。

我们一般把鸭跖草归为湿生植物，但在有水的水沟中

223

鸭跖草（李振基/摄）

或一些河道中，也可以看到鸭跖草的身影，但不好说鸭跖草就是水生植物。我们在野外考察过程中，在武夷山天游峰的丹霞地貌坡面上或泰宁丹霞地貌的干旱的生境中也可以看到鸭跖草，或许是在有水的时候，落在这里的鸭跖草种子生根发芽，然后在崖壁湿润的时候生长，在干旱的时候也可以耐旱。

　　鸭跖草及其同科植物的雌蕊和雄蕊的复杂程度超乎我们的想象。法登（Faden）指出鸭跖草科植物是典型的3型雄蕊的开花植物，没有蜜腺，仅提供花粉作为访花者的报酬。宋云澎进一步揭示了鸭跖草具雄蕊6枚，3型。鸭跖草花上6枚雄蕊中的2枚花丝长，花粉棕褐色，为长雄蕊；3枚花丝短，花粉黄色，为短雄蕊；1枚花丝长度介于长与短之间，花粉黄色，为中雄蕊。雌蕊1枚，有的花中花柱长，则该花为长花柱型花；有的花中花柱短，则该花为短花柱型花；有的花中无花柱，则该花为无花柱型花。

鸭跖草中3枚鲜黄色的退化雄蕊的意义是吸引传粉者，提供可食花粉，以保护蜜腺和子房。2枚长雄蕊在昆虫访花时，确保花粉被淡脉隧蜂带到其他植株上用于异交；中等长度的1枚雄蕊既可以作为访花者的回报物，也可以在花的生长后期确保在其柱头没有得到其他植株上的花粉的情况下，通过自交完成传宗接代的任务。

帮助鸭跖草传粉的昆虫有淡脉隧蜂、隧蜂、食蚜蝇、丽蝇、蚂蚁等，主要传粉者是淡脉隧蜂。淡脉隧蜂会于早上6点至6点半出现，此时鸭跖草花被打开，花药开裂；7点至9点是访花高峰期。访花时，淡脉隧蜂往往先降落在花的中间位置，到短花丝雄蕊和中花丝雄蕊上采花粉；没采够的情况下，部分淡脉隧蜂会借助长花柱和长花丝到长花丝雄蕊上采花粉。

鸭跖草是很好的湿地地被生态修复植物，色彩独特，能够成片生长，耐水湿，也耐干旱，能够招引隧蜂、食蚜蝇等昆虫。

（执笔人：李振基）

让众多昆虫着迷的植物
——獐牙菜

　　好些年前，笔者去武夷山主峰黄岗山调查，在海拔2100米左右的草甸中看到了正在开花的獐牙菜，招引来了弄蝶、食蚜蝇、蚂蚁等很多昆虫，当时就被龙胆科獐牙菜属獐牙菜（*Swertia bimaculata*）那美丽的花朵所折服。

　　獐牙菜是龙胆科獐牙菜属的一年生草本植物。茎直立。叶对生，叶片椭圆形至卵状披针形，叶脉3~5条，弧形、对称。具有大型圆锥状复聚伞花序，开展，长达50厘米，多花；花5数，直径达2.5厘米；花萼绿色；花冠白色至奶黄色，上部具多数紫色小斑点，中部具2枚黄绿色、半圆形的大腺斑；花丝线形，花药长圆形；子房无柄；花柱短，柱头头状，2裂。蒴果无柄，狭卵形；种子褐色，圆形。花果期6~11月。分布于我国中部至南部18个省份海拔250~3000米的河滩、草甸、林下、灌丛、沼泽地，在印度、尼泊尔、不丹、缅甸、越南、马来西亚、日本也有分布。

　　獐牙菜的花辐射对称，花冠深裂几乎至基部，是泛化传粉的例子，也就是说獐牙菜会吸引很多不同的昆虫来光

獐牙菜（李振基/摄）

顾，上面的照片上就有3种昆虫，在此周边其他獐牙菜植株上还有食蚜蝇、蚂蚁、弄蝶、蜜蜂。吸引昆虫如痴如醉来獐牙菜上的是其花瓣上的腺斑。獐牙菜的蜜腺跟很多其他植物的不一样，其腺斑颜色鲜艳，在花冠上形成一圈，让昆虫在其花上绕个近20秒，让它们有机会为獐牙菜完成授粉。"螳螂捕蝉，黄雀在后"，当弄蝶忘我采蜜之时，浑然不觉在花上还有蟹蛛，这时，躲在花瓣背面的蟹蛛突然跳出，把弄蝶逮个正着。

　　獐牙菜的花也以异花授粉为主，其花有雌单性花和两性花之分，而且其两性花在开花后，雄蕊先成熟，让昆虫把它的花粉带到其他獐牙菜植株上，1～1.5天后，雌蕊的柱头才慢条斯理拥抱昆虫从其他獐牙菜植株上采来的花粉，等上两天，直到完成授粉。

（执笔人：李振基）

　　每年4月在山中考察，来到海拔较高的人为干扰较少的潮湿崖壁下，一定能够看到台湾独蒜兰。我们在武夷山、井冈山、梅花山、三清山、君子峰都看到过台湾独蒜兰。有时春雨过后，崖壁上的苔藓一片翠绿，点缀着紫红色的花，甚至整个崖壁上都是紫红色的花，有些开过了，也有些仍然是淡紫色的花蕾，让人惊叹不已。

　　台湾独蒜兰（*Pleione formosana*）是兰科独蒜兰属的湿生草本植物。假鳞茎为压扁的卵形，上端渐狭，绿色至暗紫色，顶端仅具1叶。叶在4月仍然为幼嫩的绿色，长成后呈倒披针形。花葶从无叶的老假鳞茎基部发出，直立，基部有2~3枚膜质的圆筒状鞘，顶端具1花；花苞片线状披针形至狭椭圆形；花粉红色至紫红色，唇瓣色泽常略浅于花瓣，上面具有黄色、红色或褐色斑，有淡淡的芳香；中萼片匙状倒披针形；侧萼片狭椭圆状倒披针形，多少偏斜；花瓣线状倒披针形；唇瓣宽卵状椭圆形至近圆形，不明显3裂，先端微缺，上部边缘撕裂状，上面具2~5条褶片；褶片常有间断，全缘或啮蚀状；蕊柱顶部多少膨大并具齿。蒴果纺锤状。花期4月；在高海拔区

台湾独蒜兰（李振基/摄）

域，花期更晚。产于我国台湾、福建、浙江和江西等省份海拔600～2500米的林下或林缘腐殖质丰富的崖壁上。

台湾独蒜兰采用食源性欺骗方式招引熊蜂和木蜂等来帮助传粉。昆虫沿着唇瓣外弯的中裂片进入花朵深处，当找不到蜜液时退出花朵，这时会将药帽顶开，使得花粉块掉落并粘附在传粉昆虫背部，当昆虫进入到下一朵花时完成授粉工作。

独蒜兰属在我国有16种，产于我国秦岭山脉以南，西至喜马拉雅地区，花都非常漂亮，有的种类在秋天开花，有的种类有2片叶，有的种类有2朵花，有的种类花黄色，在缅甸、老挝、泰国还有几个种。

（执笔人：李振基）

山地河岸边的幽灵
——
黄花鹤顶兰

笔者很多年前在福建闽江源调查时见过黄花鹤顶兰，后来在贵州茂兰、福建武夷山和永泰的近河流源头的岸边阴湿地也见过黄花鹤顶兰。其叶片宽大，花葶较高，开花之时仿佛幽灵一般，招引昆虫来帮忙传粉。

黄花鹤顶兰（*Phaius flavus*）是兰科鹤顶兰属大型湿生草本植物，其假鳞茎卵状圆锥形，被鞘。叶4~6片，紧密互生于假鳞茎上部，通常具黄色斑块，所以黄花鹤顶兰又名"斑叶鹤顶兰"，叶片长椭圆形或椭圆状披针形，长25厘米以上，宽5~10厘米，叶柄以下互包成鞘。1~2个花葶从假鳞茎基部上方节上发出，直立而粗壮，不高出叶层之外，长达75厘米；总状花序长达20厘米，具数朵至20朵花；花苞片宿存，大而宽；花柠檬黄色，上举，不甚张开；中萼片长圆状倒卵形；侧萼片斜长圆形而稍狭；花瓣长圆状倒披针形，约等长于萼片；唇瓣贴生于蕊柱基部，与蕊柱分离，倒卵形；侧裂片近倒卵形，围抱蕊柱，先端圆形；中裂片近圆形，稍反卷，先端微凹，前端边缘为亮丽的橙色并具波状皱褶；唇盘具3~4条褐色脊突；距白色；蕊柱白色，上端扩大；蕊喙

黄花鹤顶兰（李振基/摄）

肉质，半圆形；药帽白色；药床宽大；花粉团卵形。花期4～10月。在我国产于福建、台湾、湖南、广东、广西、香港、海南、贵州、四川、重庆、云南和西藏等省份海拔300～2500米的山坡、林下、河流源头阴湿处，也分布于斯里兰卡、尼泊尔、不丹、印度（东北部）、日本、菲律宾、老挝、越南、马来西亚、印度尼西亚和新几内亚岛。

　　鹤顶兰属植物属于食源性欺骗传粉的植物，花期较长，开花时花序下方的花最早开放，其花被片极力张开，而唇瓣卷成喇叭形，形成一个可供授粉昆虫爬进去的管道。单朵花可开十余天，借美丽的形态、香甜的花蜜诱使蜜蜂或熊蜂为其传粉，随后花被片颜色变深、低垂、萎蔫，最终脱落；同时，下部的子房开始膨大为长圆锥状具棱的果荚。这样的演变过程从花序下方朝上方陆续发生，在同一株鹤顶兰的花序上，可以看到下方已经结出果荚，中部是盛开的花朵，上方还在陆续长出新的花苞。

（执笔人：李振基）

叶上的油点有秘密的植物

——油点草

　　来到武夷山国家公园的山脚下时，你会发现有一种草，叶面上有不少油点，仿佛是人撒了油在上面。这就是百合科油点草属的油点草（*Tricyrtis macropoda*）。油点草为什么会这样？且听笔者慢慢道来。

　　原来这是真菌的杰作。王艳研究了油点草，发现油点草叶片上有内生真菌，一种*Cercospora*的内生真菌在局部定殖。所幸这些叶斑没有影响油点草进行光合作用，或许这些真菌可以促进油点草进行光合作用或吸收某些特定的养分。

　　油点草是一年生植物，植株高可达1米。茎上部疏生或密生短糙毛。叶卵状椭圆形至矩圆状披针形，两面疏生短糙伏毛，基部心形抱茎。二歧聚伞花序顶生或生于上部叶腋；苞片小；花被片上具多数紫红色斑点，开放后自中下部向下反折；外轮3片相当于萼片，更宽，内轮3片相当于花瓣，窄一些，在基部向外延伸而呈囊状；雄蕊花丝的中上部向外弯垂；柱头3裂，每裂片上端又2深裂，密生腺毛。蒴果直立，长2~3厘米。花果期6~10月。产于亚热带常绿阔叶林区域海拔800~2400米的山地林下

油点草〔江凤英/摄〕

阴湿处。日本也有分布。

　　油点草的花非常复杂，可以用绚丽多彩的颜色和腺毛招引昆虫来帮忙传粉。昆虫飞来时，停落在其花被片上，朝下的花药正好把雄蕊散落在昆虫的背部，当昆虫飞到另外的植株上，雌蕊下垂的柱头就轻而易举获得花粉了。

　　油点草属植物在进化的过程中，由于地理隔离，在我国台湾的种类花被片较为简单，花淡紫色；北方的种类花被片背景色为黄色且横出；而亚热带地区分布的油点草本种花被片背景色偏黄绿色且反折。

（执笔人：李振基）

匍
匐
前
进
的
战
士
——
狗
牙
根

　　狗牙根（*Cynodon dactylon*）是禾本科狗牙根属多年生低矮草本。具细长的根枝茎。秆细而坚韧，匍匐地面蔓延，节上常生不定根；秆的直立部分长叶并开花结果。叶片线形。穗状花序，小穗淡紫色。花果期5～10月。

　　狗牙根广布于黄河以南各省份，部分地区将其作为草坪植物种植，在全世界温暖地区也均有分布。因其适应性较强，对生态环境的要求不高，因此在村庄附近、道旁河

狗牙根（陈炳华/摄）

岸、荒地山坡等区域均可看见。

狗牙根的根状茎，每年按一定的角度往前方分蘖发展，慢慢占据了空地，其根状茎和叶表面具蜡质，耐旱且也可以在被水淹的地方生长，其帮助生态恢复的能力强，可以作为湖泊、河流沿岸护坡植物。一些地方河流湖泊汛期和旱期的水位相差较大，一般的植物很难能够同时经受住干旱和长期水淹的胁迫，而狗牙根作为水陆两栖植物的代表，同时具有适应较强的干旱和水淹的能力。

因此，在河流湖泊等水位消落带种植狗牙根可避免由水位变动引起的植物退化与消失而形成"裸带"的状况。在水质净化方面，狗牙根能够利用其根茎叶过滤水体中的污染物质；同时，通过光合作用可增加水体中溶解氧的含量，以净化水质。在调节土壤化学性质方面，狗牙根能够增强土壤活性，调节土壤酸碱性，促使土壤改良。同时，狗牙根的枯枝落叶能够提高土壤有机碳含量，增加土壤的有机质含量。在物理调节方面，狗牙根覆盖区的地表温度较低，土壤含水率较高，体现出狗牙根具有降低地表温度、改善土壤质地、保持土壤水分、防止水土流失的作用。

狗牙根除具生态功能外，还具有较强的药用价值。全草可入药，性味苦、微甘，具有解热利尿、舒筋活血、止血之效，主要用于风湿痿痹拘挛、半身不遂、劳伤吐血、跌打、刀伤等方面的治疗。

由于狗牙根是低矮草本，根状茎蔓延能力强，可以美化环境，也常被用于公园、庭院、球场等的绿化。

（执笔人：张帅、安树青）

药食两用的湿生植物
——茼蒿

　　茼蒿在中国已有900余年的栽培历史，早在唐代孙思邈的《千金要方·食治》中就曾记载茼蒿的食用。它有"蒿之清气、菊之甘香"，是宫廷佳肴，拥有"皇帝菜"的别名。不仅占全"香、甜、脆、爽"的四个口味，还拥有"可口怡人"的好口碑。

　　茼蒿（*Glebionis coronaria*）是菊科茼蒿属的一年生或二年生草本植物。叶互生，长椭圆形，羽状分裂，光滑无毛。花黄色或白色，形似野菊。神奇的是，茼蒿在夜里会把舌状花反折，像个漂亮的水母，白天又恢复平展。它的茎高达70厘米，头状花序单生茎顶或少数生于茎枝顶端。花果期6~8月。

　　茼蒿在国内河北以南各省广泛栽种。茼蒿属于短日照蔬菜，有一定的耐寒性，在冷凉温和、土壤相对湿度保持在70%~80%的环境中生长良好。一般在初冬播种，早春幼苗作为蔬菜上市。

　　茼蒿能在重度富营养化的水中正常生长，可以采用人工生物浮岛技术修复水体，对于水中氮素去除效果显著。有水培实验表明，茼蒿对富营养化水体中总氮、总磷、氨

茼蒿（李振基/摄）

氮、硝态氮、化学需氧量、溶解氧、pH有一定的净化效果。通过氨挥发和吸收同化作用，茼蒿可以净化污水中的氨氮。

　　茼蒿是一种使用频率较高的药食两用植物，茎叶嫩时可作为蔬菜食用，晒干亦可入药，有较好的利用价值。茼蒿还可应用于生物防虫。其提取物具有良好的驱螨效果，茼蒿根粉能削弱线虫的增殖能力，其地上部分能抑制多种农业有害线虫的繁殖。

（执笔人：姚雅沁、陈佳秋）

　　宋代诗人苏轼的诗《惠崇春江晚景二首》中写道："竹外桃花三两枝，春江水暖鸭先知。蒌蒿满地芦芽短，正是河豚欲上时。""蒌蒿"，又称"藜蒿"，南京一带称"芦蒿"，武汉一带称"泥蒿"，黄石市阳新县俗称"湖蒿"。古书、字典记述："蒌蒿是一种草，开褐色的花，茎高四五尺[①]，可以吃。"通常以地上嫩茎和地下根状茎供食用。

　　蒌蒿是菊科蒿属多年生湿生草本植物，高可达150厘米。地下根茎粗壮，横走；地上茎绿色或黄绿色。叶青绿色，掌裂，多毛。复总状花序。瘦果；种子细小，有冠毛，成熟后随风飘扬。

　　蒌蒿分布于我国寒温带至中亚热带区域；蒙古、朝鲜及俄罗斯也有分布。多生长在低海拔地区的河湖岸边与沼泽地带，在沼泽化草甸地区常形成小区域植物群落的优势种与主要伴生种；可亭立水中生长，也见于湿润的疏林、山坡、路旁、荒地等地。

　　生长在鄱阳湖湖区一带的蒌蒿散布于河岸的草洲之上，是湖区一大特产；过去被农民视为湖草，沤田绿肥。

---

① 1尺=1/3米。

蒌蒿（郑宝江/摄）

如今是南昌市一道知名度高的时鲜名菜。民谚有："鄱阳湖的草，南昌人的宝"之说。

蒌蒿具有密而小且易浸湿的叶子，持水量较大，从而可有效地截留降水，减少地表径流。不仅如此，蒌蒿的根系也非常发达。其根系固氮，能提高土壤中有机质的含量。大量的侧支根纵横交错形成强大的根系网络及其固氮作用，不仅有利于土壤团粒结构的形成，而且能改善土壤的理化性质，增强土壤的持水性和透水性，从而起到保持水土的作用。另外，蒌蒿适应性强，可栽种范围广，再生能力强，实为优良的水土保持植物。并且，有研究发现，蒌蒿对土壤中镉的污染具有较好的修复效果和潜能，将来可作为土壤镉污染的理想修复材料。

蒌蒿可以应用于我国中亚热带以北区域的河道湿地的生态恢复。

（执笔人：夏雯、安树青）

具
有
独
特
气
味
的
草
——
蕺
菜

　　蕺菜（*Houttuynia cordata*），又称"鱼腥草""折耳根""臭猪菜""猪鼻孔"等，为三白草科蕺菜属多年生草本植物。因其茎叶搓碎后有鱼腥味，故"药圣"李时珍为它起了个俗名，叫作"鱼腥草"。在我们的常识中，云南、贵州、四川人爱吃蕺菜。在那些地方，蕺菜被称为"折耳根"。折耳根火锅、凉拌折耳根里的夹料，或是作为辣椒蘸水菜里的一味小清新，蕺菜以千变万化之姿，强行攻占了西南人餐桌上从米面主食到零嘴小吃，从凉碟到蘸料的一系列菜码的位置，成为西南人津津乐道的一味好菜。但是，与蕺菜有千丝万缕联系的"蕺山"却并不在云南、贵州、四川，而是位于鲁迅先生的故里，浙江绍兴城内。宋人王十朋歌咏《采蕺》，注曰："采蕺，思越王也。越有山名蕺。蕺，蔬类也，王所嗜焉。予尝登是山，故作是诗以思之"，说的是诗人为了怀念越王勾践，爬上蕺山，采撷蕺菜。蕺菜和越王勾践又有什么关联呢？《记地传》里记载："夫山者，勾践绝粮，困也"，讲的是勾践在吴越战争中失败后粮食不足、被困蕺山的极端情况下，挖采蕺菜充饥，于是蕺菜平时是根草、饥荒时变宝的故事被广为传播，从而常为荒年黎民充饥的食物，所以谚云："丰年恶而臭，荒年赖尔救。"

蕺菜为多年生草本，高大约40厘米，揉之，有独特气味。叶互生，薄纸质，具腺点，卵形或阔卵形，基部心形，全缘。蕺菜夏季开花，是长约2厘米的穗状花，我们所看到的白色"花瓣"其实是蕺菜的4片总苞片。花苞与花序的组合造就了蕺菜花脱俗的花貌，其花又具备端庄典雅之气。

蕺菜在我国广泛分布，东起台湾，西南至云南、西藏，北达陕西、甘肃，包括我国中部、东南至西南部各省区，以长江流域以南分布最广。在其亚洲东部和东南部广布。生于沟边、溪边或林下湿地上。

在如今社会广泛推崇返璞归真、崇尚食用自然健康的食品潮流中，蕺菜毫不意外获得了更多的关注。蕺菜浑身是宝，中国卫生界和日本药典指南均认为其是具有巨大发展潜力的食用和药用资源。蕺菜作为亚洲的健康蔬菜已有多年历史，由于其根茎部位含有较多的粗纤维，是理想的果腹食品，且食用方式颇多，凉拌，制作成保健茶饮料，制保健酒，做涮火锅的食材，做蘸碟等。现代医学研究发现，蕺菜中的部分成分具有抑菌、抗氧化、抗肿瘤、抗病毒等作用。用蕺菜作为中药与其他中药一起煎服，也可以用蕺菜制成注射液、滴耳液、糖浆等，可以治疗上呼吸道感染、慢性支气管炎等呼吸系统疾病，同时对肠炎、胃炎等胃病也有很好的疗效，对功能性腹泻患者治疗有效率为92%，在外科疾病治疗方面也有较好的消炎效果。蕺菜中含黄酮成分，能保持血管的柔软，可防治因动脉硬化引起的高血压、冠心病和脑卒中。

蕺菜（李振基/摄）

此外，蕺菜还对水体有明显的净化效果。在土地资源日趋紧缺的严峻形势下，池塘水质原位修复技术（在池塘内部进行）相比于异位修复技术（需将水移出塘外）具有优势。运用原位修复技术能够有效降低养殖水体的产排污系数，而且以蕺菜为主体的生物浮床的制作成本低，易于管理，净化效果好，在养殖塘中利用能达到双产双丰效果。研究人员在利用蕺菜浮床对罗非鱼养殖水体进行净化时发现，投放面积占鱼塘面积5%的蕺菜可使得浮床在采收时蕺菜根茎、组叶的产量分别达1619.2千克/公顷和112.4千克/公顷，且去除养殖水体的总氮量达0.38克/平方米、磷元素量达到0.06克/平方米。蕺菜作为生物浮床可明显改善养殖体系水体中物质的循环能力，提高水体的自净能力，增强鱼体的非特异免疫能力以提高其成活率及产量，明显增加菌群多样性，优化养殖体系中微生物群落结构。

戳菜口碑评价向来两极分化严重，爱吃的人将其视若珍宝，对其津津乐道，不爱吃的人敬而远之、"几欲先走"。不可否认的是，戳菜确实为人类提供着食用价值、药用价值以及生态价值，作为一种健康野菜流转在餐桌上，或作为一种生态净化植物蓬勃生长在湿地中。我们要珍惜现在的生活，因为还有选择吃或者不吃戳菜的权利，应该忆苦思甜，进而奋发进取，创造美好富足生活，共享幸福的未来。

（执笔人：何旖雯、陈佳秋）

在陆地上分辨
湿生植物

凤仙花家族的代表
——
牯岭凤仙花

牯岭凤仙花（*Impatiens davidii*）是凤仙花科凤仙花属的一年生湿生草本植物，高40～90厘米。茎细瘦，肉质，直立。叶互生，卵状矩圆形或卵状披针形，先端尾状渐尖，基部楔形，边缘有粗圆齿，齿端有小尖。花梗腋生，中上部有2枚近对生的披针形苞片；花单生，黄色或橙黄色；萼片2枚，宽卵形，先端有小尖；旗瓣近圆形，背面中肋有宽翅，先端具短喙；翼瓣具柄，2裂，基部裂片矩圆形，先端有长丝，上部裂片大，斧形；唇瓣囊状，基部延成钩状的短距，距端2裂；花药钝。蒴果长椭圆形。

牯岭凤仙花分布于江西、湖北、安徽、福建、浙江、湖南、贵州等省份的溪沟边或山谷阴湿处。

凤仙花家族中基本上是湿生植物，部分种类如管茎凤仙花还可以耐水淹，部分凤仙花种类可以在中山生境中的路边生长。

凤仙花家族分化比较快，有些门类如水杉、水松在地球上存活了1亿多年，仍然是一个种，而凤仙花家族在不同的区域与昆虫协同进化之后，就跟兄弟种类分道扬镳，在形态特征上产生分化，而形成当地特有的种

牯岭凤仙花（李振基/摄）

类。凤仙花由于人为引种，在很多城市、乡村都可以看
到。而牯岭凤仙花已经算分布广的，在江西庐山发现它
之后，在江西其他地方、湖北、安徽、浙江、福建、贵
州也都发现了其踪影。苏启陶等研究发现，其特化的花
部结构适应三条熊蜂的传粉，且三条熊蜂是其主要的传
粉昆虫，因此其分布范围与三条熊蜂的分布范围相关。
也有很多凤仙花种类分布的范围更为狭窄，如阔萼凤仙
花（*Impatiens platysepala*）、婺源凤仙花（*Impatiens*

wuyuanensis）、东川凤仙花（*Impatiens blinii*）、高黎贡山凤仙花（*Impatiens chimiliensis*）、错那凤仙花（*Impatiens conaensis*）等。

牯岭凤仙花具有特化的花部特征，花朵两侧对称，色泽金黄，无芳香气味，具有漏斗状或深囊状的唇瓣以及细长的花蜜距，雄蕊、雌蕊位于唇瓣上部。凤仙花家族中的其他种类也都有大同小异的特化的花部特征。由此可以想象，不同的凤仙花在不同的山地或峡谷与当地的熊蜂或其他昆虫协同进化，形成了很多特有种或狭域分布种。

凤仙花家族成员的果实传播也很有意思：其果实是蒴果，但果壁厚薄不一样；其蒴果的形状像一个纺锤，中间大，两头小。凤仙花果实成熟时外壳会自行爆裂，弹裂为5个旋卷的果爿（瓣），把种子弹出。由于种子相对较重，一般动物也不敢吃其种子，因此，其扩散比较慢，也很容易特化，在不同的湿地区域，形成不同的凤仙花种类。

凤仙花科植物都很漂亮，部分种类如牯岭凤仙花、管茎凤仙花（*Impatiens tubulosa*）、鸭跖草状凤仙花（*Impatiens commelinoides*）、华凤仙（*Impatiens chinensis*）的分布范围稍广，可以用于其分布区域湿地湿生生境的生态恢复。

（执笔人：李振基）

辛亥女杰、民族英雄秋瑾曾经作诗《秋海棠》："栽植恩深雨露同，一丛浅淡一丛浓。平生不藉春光力，几度开来斗晚风"，生动地展示了中华秋海棠的生境和其所形成的美景给人带来的美学感受。

中华秋海棠是秋海棠科秋海棠属的中型湿生草本植物。茎高20~70厘米，外形似金字塔。叶三角状卵形，基部偏斜，叶背有时红色。花序较短，呈圆锥状二歧聚伞花序；花小，雄蕊多数，短，整体呈球状；花柱基部合生或微合生。蒴果具3不等大之翅。

产于我国暖温带至常绿阔叶林带区域。生于海拔300~2900米的山谷阴湿岩石上、滴水的石灰岩边、疏林阴处、荒坡阴湿处以及山坡林下。

全球秋海棠科植物有1000余种，中国有160余种，几乎都是湿生草本植物。其茎基本上是肉质的，在一些崖壁上，可以充分利用雨季带来的雨水和崖壁上的渗水；在干旱的季节，其肉质的茎和叶面上的毛也可以用于抵御干旱。秋海棠对光照的反应敏感，一般长在阴湿的生境，由于自然生长于湿度较大的林下或沟谷地带，腐叶土层的林

247

中华秋海棠（江凤英/摄）

下或岩石缝隙中对其根部生长和发育极为有利。

秋海棠的雌雄花同株，雄花的雄蕊聚成小球，在花粉成熟之时会释放出大量花粉，其中一部分用来奖励传粉者；而弯曲的黄绿色部分的则是雌花的柱头，弯曲的柱头会扩大以增加授粉的表面积。

秋海棠在花序上进化出了不同时间成熟的雌雄花，以避免自花传粉。而且其雌雄花在外观上相似，目的是为了欺骗蜜蜂。蜜蜂在访问雄花后，当误入下一株秋海棠的雌花中时，就帮这株秋海棠进行了异花传粉。

秋海棠科植物都可以在我国暖温带至亚热带的湿地生态恢复中加以利用，宜在阴湿生境中参与造景，或点缀于湖畔、池边、假山上。

（执笔人：李振基）

　　桑是人类利用和栽培最早的树种之一。我国最早栽桑养蚕的文字记载见于描写夏末殷初淮河长江一带生产情况的《夏小正》"三月……摄桑，……妾子始蚕。"这是说，夏历三月（又称蚕月，相当现行农历3月15日至4月15日）要修整桑树，妇女开始养蚕。《诗经·氓》中有诗句"桑之未落，其叶沃若。于嗟鸠兮，无食桑葚"，意思是桑树还没有落叶，树叶长得郁郁葱葱，斑鸠呀，你不要来吃我的桑葚。先秦佚名的《小弁》中有"维桑与梓，必恭静止。"这里桑树和梓树代表家乡。《孟子·尽心章句上》云："五亩之宅，树墙下以桑，匹妇蚕之，则老者足以衣帛矣"，建议栽桑养蚕。唐·孟浩然《过故人庄》诗句"开轩面场圃，把酒话桑麻。"这里桑麻代指农事。拾葚异器是《二十四孝》中记录的汉朝孝子蔡顺的故事。桑树不仅提供了食物，还承载了我国的历史和文化。

　　在珠江三角洲、长江三角洲都有桑基鱼塘。自古以来，这些地方的人为充分利用土地，创造了一种"塘基种桑，桑叶喂蚕，蚕沙养鱼，鱼粪肥塘，塘泥壅桑，桑根护堤"的高效人工生态系统。这种人工生态系统不仅能产生

桑（李振基/摄）

比种粮食高很多的收益，而且还能保护生态环境，成为世界传统循环生态农业的典范。浙江湖州和孚镇是中国传统桑基鱼塘系统最集中、最大、保留最完整的区域。

　　大家有机会也可以到泉州开元寺参观那千年古桑，定会颠覆我们的认知。其基部直径达2米，至今已经1300多年；无独有偶，在山东黄河故道中也有一片千年古桑，桑林中最大的一棵"桑树王"树高9.5米，胸径2.2米，树冠遮阴达半亩地，每年可产桑葚千斤^①以上。

桑为桑科桑属乔木，高3~15米，胸径可达2米。树皮厚，灰色，具不规则浅纵裂。冬芽与小枝有细毛。叶卵形，长5~15厘米，宽5~12厘米，基部圆形至浅心形，边缘锯齿粗钝，表面鲜绿色，无毛，背面沿脉有疏毛，脉腋有簇毛；叶柄具柔毛；托叶披针形，早落。花单性，腋生或生于芽鳞腋内，与叶同时生出；雄花序下垂，长2~3.5厘米，密被白色柔毛，雄花花被片淡绿色，花丝在芽时内折，花药2室，球形至肾形，纵裂；雌花序长1~2厘米，被毛，雌花花被片倒卵形，紧抱子房，柱头2裂。聚花果卵状椭圆形，长1~2.5厘米，成熟时红色或暗紫色。花期4~5月，果期5~8月。桑原产于我国中部和北部，现各地都有栽培。

桑树全身都是宝：桑叶自古以来是养蚕的主要饲料，人们利用蚕丝织丝绸；其根皮、果实及枝条可入药；夏桑菊可以清凉降火，桑是其中成分之一；桑葚可食，或晒干储存，或酿为桑子酒；树皮纤维柔细，可作纺织原料、造纸原料；其木材坚硬，可供制家具、乐器、雕刻品等。

时至今日，桑依然是温带至热带区域农业生态系统中重要的养蚕的饲料与药用植物。浙江南浔、桐乡，江苏东台、吴江，四川宁南，广西宜州，陕西安康，新疆库车都大面积栽培蚕桑，广东阳山、罗定大面积种植药桑。

（执笔人：江凤英、李振基）

---

① 1斤=500克。

高原草地上的美丽小草
——柳兰

2018年8月，笔者来到新疆喀纳斯，陶醉于那里的美景。自己在路边慢慢走，突然看到河边一片柳兰正在开花，于是停下来拍照留存。笔者在云南白马雪山、四川卧龙也都见到过柳兰，但在时间上错过了其盛花期。

柳兰（*Chamerion angustifolium*）是柳叶菜科柳叶菜属的多年生湿生草本植物，直立，丛生。根状茎匍匐，长而粗；茎高可达2米，下部多少有些木质化，表皮撕裂状脱落。叶螺旋状互生，披针状长圆形。花序总状，直立，长可达40厘米；花在芽时下垂，到开放时直立展开；花蕾倒卵状；萼片紫红色；花瓣粉红色至紫红色，稍不等大；花药长圆形；花柱8~14毫米；柱头白色，深4裂。蒴果密被贴生的白灰色柔毛；种子狭倒卵状。花期6~9月，果期8~10月。产于我国东北、华北、西北、西南海拔500~4700米的山区较为开旷湿润的林下、高山草甸、河滩、砾石坡，也广布于北温带与寒带地区。

柳兰花期长，单株花序的花期可以持续1个半月以上，单株小花70~130朵，小花花期一般为2~3天；雄蕊先成熟，花药散粉时，花柱仍未伸长，花药与柱头之间

柳兰（李振基/摄）

有时空错位，避免了自花授粉。

帮助柳兰传粉的昆虫有土蜂、蜜蜂、熊蜂、木蜂、黄蜂、蝶类、蝇类等，频率较高、行为较稳定的访花者是土蜂和蜜蜂，熊蜂和木蜂次之。中午前后，柳兰花分泌的蜜较多，每个花序上附着2~4只蜂，以口器伸入花冠内取食花蜜，一朵花接一朵花地慢慢访问。每只蜂在一个花序上停留的时间可以长达十几分钟甚至几十分钟，其附肢附着在花冠、花药或柱头上，毛茸茸的腹部易于在不同花序上先后接触到花药或柱头，从而有助于柳兰授粉。蛾蝶类偶尔访花，访花时在柱头或花冠上踏足，通过长长的喙管吸食花蜜。

柳兰的花期长，可以招引昆虫，可以自我繁衍，形成高低错落的一整片，在我国东北、华北、西北、西南的较为潮湿的生境中都可以应用在造景方面。

（执笔人：李振基）

　　随着生态文明建设的不断发展，我国建立了众多的自然保护区和湿地公园，其中大部分区域和众多的湿地植物受到了应有的保护。部分自然保护区和湿地公园，还有一些城市湿地与公园，或乡镇湿地需要进行生态恢复，或有些家庭希望在家中养一些湿地植物。目前，我国湖北武汉、江苏常熟、台湾高雄、浙江杭州、宁夏银川、广东深圳、福建厦门等地都有较为成熟的人工湿地规划与营造团队，能够应用的湿地植物有芦苇、水烛、纸莎草（*Cyperus papyrus*）、梭鱼草（*Pontederia cordata*）、美人蕉（*Canna indica*）、三棱水葱、莲、睡莲、萍蓬草、菱、黑藻、金鱼藻、苦草、眼子菜、竹叶眼子菜、狐尾藻、水杉、池杉（*Taxodium distichum* var. *imbricatum*）、再力花（*Thalia dealbata*）、皇冠草（*Echinodorus amazonicus*）、无尾水筛（*Blyxa aubertii*）、小水榕（*Anubias barteri* var. *nana*）等。

助力人工湿地营造的植物

水族箱布置的首选
——皇冠草

皇冠草是水族界中广泛栽植的水草，只要家中水族箱有养水草，大概都会种它。在高温的国家，水族箱会加装冷凝器；在寒冷的国家，缸中会安装上加热棒，皇冠草都能轻松适应，所以它的家族成员遍布全世界。

皇冠草是一个特定的物种，但在水族市场中销售时，却往往泛指多种泽泻科成员，笔者家的缸中就同时种了3种皇冠草。关注水族市场便能发现，皇冠草的品系多到让人眼花缭乱，长叶九冠（*Echinodorus uruguayensis*）、迷你皇冠草（*Echinodorus quadricostatus*）、绿皇冠（*Echinodorus opacus*）、矮皇冠（*Echinodorus intermedius*）等。同属而以象耳为名的，则有象耳（*Echinodorus cordifolius*）、虎斑象耳（*Echinodorus schluteteri*）等。其中，红香瓜草（*Echinodorus osiris var. rubra*）的形态都和皇冠草类似。

皇冠草为泽泻科齿果泽泻属沉水植物，原生于南美洲中部。皇冠草具短根茎。叶基生，圆圈状排列，多至50片，具叶柄，叶披针形，全缘，微波浪状，顶端渐尖。在施肥充足状态下，叶柄长逾10厘米，叶片长达50厘米，

皇冠草（李两传/摄）

叶面青翠而透光，其平行脉明显。总状花序，开花时，花梗会抽出水面；花瓣3枚，白色。花期在夏季，一般在水族箱控温、控灯的情况下，可能数年不开花。而如果皇冠草在寡肥的水族箱中，会愈长愈缩，原先40厘米的大叶子，没隔多久再长出的新叶可能缩至10厘米，构成了外圈长内圈短的有趣画面。

　　在水族箱中栽种时，宜以细沙铺底，至少铺10厘米厚。皇冠草根系强壮，偶可看到其根碰到玻璃，顺着玻璃延伸生长一小段，惧光的习性让其根又钻入沙中，在适当的照顾下，其植株会从侧面长出小苗，待小苗成长到一定程度，便可分株另外种植。

　　皇冠草能够长时间耐冷耐热，每一片叶子都可以保持数月不凋零，叶片长逾尺，层层叠叠有数圈，只一棵便犹如一大丛，一个缸子只需栽种几棵，其下再衬以小型水草作为前景。整缸水草随水流摇曳，鱼儿穿梭叶丛间，茶余饭后看着这样的水族箱，会心情极好。

（执笔人：李两传）

助力人工湿地营造的植物

水族箱中的小水草
——无尾水筛

　　无尾水筛属于水鳖科水筛属沉水植物，在台湾又称为"瘤果篦藻"。

　　无尾水筛为一至多年生沉水草本植物，茎短多单一，少有分枝。叶线形基生，宽约0.5厘米，长可达70厘米，叶缘有锯齿。其花期在夏秋季，花梗细长，佛焰苞形花鞘包裹，花单一，花瓣白色，长1.5厘米；开花时挺出水面，如水面高度发生变化，在水中也能开花。果圆柱形；种子多数，无尾刺，表面瘤状。

　　无尾水筛产于我国亚热带各省份；在马达加斯加、印度、马来西亚、澳大利亚等地也有分布。生于水田及水沟中。在台湾散生，但以北部最为集中，桃园龙潭、淡水的北新庄、贡寮鸡母岭、双溪、金山区八烟聚落等地都有。

　　水筛家族有11种之多，中国有5种，辨识不同的种类可以根据是否有茎生叶，佛焰苞是否有梗，种子表面是否瘤状，种子尾是否有刺来进行。

　　无尾水筛喜生长于水质稍清澈的小水渠，稻田、池沼环境，静止或有些流速的水域中都可发现它的身影。在有些流速的沟渠中，其叶片明显较长，丛生族群也更大，这

无尾水筛（李两传/摄）

是因为流水中氮、磷、钾可以无限提供，而在静水区，除非定期施肥，否则无尾水筛可能因根系周遭寡肥而趋缓生长。其他水草应该也存在类似现象。但许多田地因地区繁荣而减少，水渠也相对变得污浊，无尾水筛族群亦日渐减少。

比如，八烟聚落的梯田、水渠，是现在台北的自然观察者首选的地点。它位于阳明山后山一处如世外桃源的小山村，海拔只有300多米，经年烟雾袅绕，温度略低于平地。居民主要是务农及经营花树苗圃。区内多梯田，田间灌溉水渠穿梭，水源来自上方的山涧，山不高但水流充沛。这里繁衍数种水草，无尾水筛是其中之一。在湍急的水渠内，它快速飘动那细长的叶子，而在水田中则是静静地向四周伸展着，但其种群数量也不多了。又如，桃园龙潭的无尾水筛，主要分布在市区边缘的平野田园中及污染少的灌溉引水道中。灌溉池较深则一般看不到无尾水筛，倒是可能生长着台湾萍蓬草。随着水田耕作与除草剂的大量使用，这里的无尾水筛愈来愈少，只能在休耕期看到三三两两新长的小植株，与小谷精草（*Eriocaulon nepalense* var. *luzulifolium*）、野慈姑一道散生在田中。笔者所知的一处涌泉下游的水道中原生长着许多无尾水筛，笔者最近去看垃圾变多，而无尾水筛只剩3棵，混生在慈姑与水蕴草中。另一处水田中则只有几棵小植株，它们在小水沟中与菹草及篦齿眼子菜一起在水流中飘动。

（执笔人：李两传）

小水榕属于天南星科水榕芋属沉水植物。

许多家庭都会在客厅养一缸鱼，将水族箱布置得生意盎然，以招财安宅兼观赏，在吃过晚餐后坐在沙发上，欣赏着缸中鱼儿悠游，既可怡情，亦可消除一天的疲惫。

笔者也有一个水族箱，用它养鱼超过30年，早期养海水鱼，龙虾、薯鳗、小丑鱼、狮子鱼也都养过，后来养淡水鱼，如神仙、红龙、慈鲷、灯鱼等，近几年喜欢养鳑鲏、石鲋、小鲃、盖斑等原生鱼。笔者从养鱼的经验得知，鱼有一定的寿命，故需要周期性添置新鱼，随时保持水缸观赏性。笔者也随着物种的改变，相对地更替着水缸内的布置，水草也是随兴变换，近年选择要养的水草，便以漂亮、好照顾、耐得久的水草为首选，其中，皇冠草、水蕨、石龙尾、小水榕算是最终胜出者。

小水榕，又称"小榕""娜娜小榕"，高度在10厘米左右，原产自热带非洲的淡水中，耐阴，对环境温度适应范围大，对水质要求较低，就算离水也可种植，因而深受水草商喜爱。其经过大量栽培繁殖，培育出不少变种，推广到世界各地，也深受海峡两岸的许多家庭

261

小水榕（李两传/摄）

喜爱，只要有水族箱，可能就曾种过小水榕。小水榕家族成员众多，如钢榕（*Anubias heterophylla*）、燕尾榕（*Anubias hastifolia*）、大水榕（*Anubias gigantea*）等，我们较常选用的是大水榕与小水榕，小水榕的植株小，笔者更是对其钟情，会种在水族箱前方，作为前景，看着鳉鳉、小鲃穿梭于枝叶间，成就感油然而生。

　　小水榕单叶互生，沉水养在缸中，茎节明显，节间根系茂盛，茎则斜或横向生长。定时施肥可以促进小水榕成长，使其叶面光滑油亮。经验告诉我们，如以植物灯定时照明，每日亮灯8小时，除可供赏鱼外，还可以使水草长得很好，既不会形成徒长枝，又能抑制水霉、绿藻、黑毛藻的大量繁殖。小水榕在水、养分、灯光作用下，有时也会在水中开出佛焰苞形态的可爱小花。大家如果心动，也可以在家中养一缸。

（执笔人：李两传）

　　金鱼藻属于金鱼藻科金鱼藻属沉水植物。其在全球广布，也广泛分布于我国各地，喜生活在静止水域或流速相当慢的溪流中。喜欢水草缸造景的朋友对此水草不会陌生，金鱼藻生命力旺盛，只要有一节金鱼藻，且光照充足，很快就能长满缸，需要修剪。

　　金鱼藻的叶4～12轮生，1～2次二叉状分歧，裂片丝状，先端带白色软骨质，边缘仅一侧有数细齿，纤细柔软，姿态优美，这样的形态能使其最大限度地接触水。植株上的气腔连成一个奇特的封闭式通气系统，将呼吸时产生的CO_2储存起来，为在水中微弱的光线下进行光合作用提供原料，同时又把其光合作用所释放出来的O_2加以保存，以满足自身的呼吸需求，又能给鱼类提供O_2。

　　金鱼藻会在6～7月开花，金鱼藻是完全沉水植物，开花面临如何授粉的问题，但它有办法解决：雄花成熟后，雄蕊脱离植株，花药末端的小浮体使其上升到水面，并开裂散出花粉，花粉比重较大，慢慢下沉到达水下雌花的柱头上，以这样的方式传粉的花称为"水媒花"。其种子具坚硬的外壳，有较长的休眠期，早春种子在泥中萌

金鱼藻（陈炳华/摄）

发，向上生长。种子萌发时胚根不伸长，所以植株无根，而以长入土中的叶状枝深入泥中固定株体，同时基部侧枝也发育出很细的全裂叶；类似白色细线的根状枝既固定植株，又吸收营养。在生长期中，折断的植株也可随时发育成新的植株。

在植物生理学上，常以金鱼藻作为研究的模式生物，其中一个原因是：以金鱼藻为媒材可以在没有根的干扰下研究顶芽效应，而如以一般陆生植物为材料，由于其根的关系，对其进行营养物质或毒素转换的相关研究将会变得十分困难。

金鱼藻优美地飘在水中，种在缸中作为后景植物，前景布置再衬以小型水草，空余时间观赏金鱼藻随水流摇曳，小鱼穿梭于水草间，很是惬意。

（执笔人：黄黎晗）

狐尾藻是小二仙草科狐尾藻属的多年生沉水草本植物，通俗来讲就是一种多年生、在湿地中能够正常生长的"水草"。这是一种若干年前的网红植物。在各种网络媒体上，它变身成了万能型植物，既可以治理污水，还可以被制作成农家肥，加入堆肥可以促进农作物的生长。各种效果叠加起来，让它的光环不断增加。拨开网络媒体的若干迷雾，把它放到科学真理探索的放大镜下，仔细地好好观察一下，会发现这种植物还是有不少优点，可圈可点。

狐尾藻在我国大江南北各类池塘、河沟、沼泽中都能见到，狐尾藻俗称"轮叶狐尾藻"，表明其叶片是通常4片轮生，也就是叶绕着主干长成一圈，常与穗状狐尾藻混在一起。

狐尾藻喜欢温暖的阳光，16~26℃是其最适宜的生长温度范围。一旦进入冬季，其水上部分逐渐枯萎，隐藏在水中的部分进入休眠状态熬过严寒，直到下一个春天重新被唤醒。

在中国的很多城市，狐尾藻既可以作为水体的景观绿化植物，又具有很好的水体净化功能，被大量地应用也不

狐尾藻（李振基/摄）

是什么奇怪的事情。狐尾藻可以富集氮、磷，还可以吸收水体中部分重金属元素，在自身的生长过程中，会向水体释放出一定量的 O_2，建立起良性循环。在水体富营养的情况下，狐尾藻能快速扩张其领地；而在水体中养分少的情况下，狐尾藻长速较慢。

除可以作为水中具有良好观赏效果的景观植物外，狐尾藻还是优良饲料和重要的绿肥且可以作为淡水养殖中的草鱼的饲料。狐尾藻的粗蛋白及粗纤维含量极高，且富含饲料必需的氨基酸和矿物元素，将狐尾藻打浆后拌入一定比例的玉米粉等原料，密封发酵7~10天，就可研制出狐尾藻饲料。这种饲料喂养的动物有独特的风味，受到广大客户的喜爱。

狐尾藻还是堆肥中一种重要的添加剂，既可以提高种子的发芽率，又可以提升堆肥的营养含量，实现真正的生态化种植。它可以在各种河道的水体中种植，不必占用宝贵的耕地来用它生产绿肥和饲料，"稻草＋狐尾藻"还可以形成新的循环利用生态养殖模式。狐尾藻养殖其实也不难，只要保证有疏松、湿润的土壤，温暖的环境和足够的光照，就会让其数量快速增长起来。

（执笔人：陈斌）

水乡常见的三棱水草
——三棱水葱

　　"朝饮木兰之坠露兮，夕餐秋菊之落英。""亦余心之所善兮，虽九死其犹未悔。"每年到了端午节，大家都会怀念伟大的爱国诗人屈原屈大夫。"逸响伟辞，卓绝一世"表达了世人对他的赞赏，为纪念中国文学史上这一璀璨明珠似的诗人，全国各地都有自己的习俗，粽子是不可或缺的端午佳节食品，而故事就从粽子说起。

　　众所周知，水乡人家裹粽子最常用的就是芦苇叶，而捆扎粽子的材料却多种多样；现代人为图方便，多用棉线或尼龙绳。其实在古代，水乡人家捆绑粽子的材料就是同为河畔生长的三棱水葱。

　　三棱水葱是莎草科水葱属植物，即藨草。挺拔直立，色泽光雅洁净。根状茎匍匐，干时呈红棕色，秆散生，粗壮，三棱形，基部具2～3个鞘，最上一个鞘顶端具叶片。叶片扁平，苞片1枚为秆的延长。聚伞花序侧生。小坚果倒卵形，成熟时褐色，具光泽。花果期6～9月。三棱水葱为广布种，除此之外，在全国各省份都广泛分布。

　　每年的端午节来临，勤劳的人们都会到家中附近的小河、水塘边剪芦苇粽叶，割三棱水葱。来到生长茂盛的芦

三棱水葱（肖克炎/摄）

苇丛，会发现芦苇的叶片又大又宽。人们把它一整片地剪下来，整齐地叠放在竹篮中，并在附近水草丛中寻找到三棱水葱，齐根割下。待回到家后，将芦苇叶、三棱水葱放入清水一起煮，煮开后晾干，此时它们已经变得十分结实，就可以用来包裹粽子。用这种芦苇叶和三棱水葱裹出的粽子煮熟之后除了有糯米的香味，同时散发着独特的青草清香味，这是属于自然的味道，是属于水乡传承的特有的韵味，它承载着中国人民的智慧与文化。到如今，这种香成了无数人头脑中依赖的回忆。

三棱水葱也是一味中药，具有健胃消食之功效，用于治疗食积气滞、呃逆饱胀。

在湿地造景上，三棱水葱也可用于水面绿化或岸边、池旁点缀，较为美观，也可盆栽摆放于庭院或沉入小水景中观赏用。

（执笔人：黄冠、安树青）

犹
如
伞
盖
的
植
物

——
纸
莎
草

"软草平莎过雨新，轻沙走马路无尘。"苏轼的《浣溪沙》中有这样的句子。其中的莎就是指"莎草"。莎草是莎草科莎草属多年生草本植物的统称，包括头状穗莎草、具芒碎米莎草、异型莎草、香附子、褐果薹草等35个种。

纸莎草是莎草属的一种，为多年生湿生草本，高15~95厘米。茎直立，三棱形。根状茎匍匐，有时数个

纸莎草（江凤英/摄）

相连。叶丛生于茎基部，叶鞘闭合包于茎上；叶片线形。花序复穗状，3～6个在茎顶排成伞状，每个花序具3～10个小穗。基部有叶片状的总苞2～4片，与花序等长或过之；每颖着生1花，雄蕊3枚；柱头3裂，丝状。小坚果长圆状倒卵形。花期5～8月，果期7～11月。

纸莎草原产于埃及、乌干达、苏丹及西西里岛。我国中亚热带南部及华南有栽培。纸莎草喜温暖及阳光充足的环境，耐瘠；不择土壤；喜光，稍耐阴；要求土壤肥沃；在微碱性和中性的土壤中长势良。

莎草属植物的生态价值很高。以疏穗莎草（*Cyperus distans*）为例，它适合中、高浓度的污水净化，对有机污染物的去除率甚至高于水葫芦。其强大的光合作用能力使其可迅速积累生物量，刺激根系的发育，发达的根系有利于附着其上的硝化和反硝化细菌创造良好的生长繁殖环境。这些细菌能高效分解水体中的氨氮，促进植物对氮素的吸收。疏穗莎草进行光合作用产生的O_2向下通过根状茎和茎节上的不定根输送到根际，使水体中溶解氧增加，为根区微生物的活动创造了有利的条件，促进了有机物的好氧分解，从而提高化学需氧量去除率。

公元前3000年左右，古埃及人就用纸莎草茎搭建房屋，驾着纸莎草茎编成的小船往来于尼罗河上；还拿其茎皮搓制绳索，编织筐子和草鞋。古埃及法老宫廷、神庙祭司的文献记录，民间超度死者所用的"亡灵书"也都写在纸莎草制成的"纸张"上。

（执笔人：戈萍燕、安树青）

　　外来物种一直是让人感到矛盾的物种，不少物种被人引入或被带入新的分布区域，往往如入无人之境。人类对生境的干扰为这些物种留出了生态位空间，这些植物的种群壮大进而影响了其他本土物种的生存，或带来了更多问题，如互花米草（*Spartina alterniflora*）、凤眼莲、喜旱莲子草、无瓣海桑（*Sonneratia apetala*）、对叶榄李（*Laguncularia racemosa*）等。如何有效控制或利用这些物种，有待我们的努力。

来自异国他乡的湿地植物

在滩涂恣意生长的禾草
——互花米草

"齐纨鲁缟车班班，男耕女桑不相失。宫中圣人奏云门，天下朋友皆胶漆。"如杜甫《忆昔二首》诗中所述，大自然本应是万物竞长的景象，所有的动植物都在自己熟悉的环境中"安居乐业"，延续着属于自己的文明。然而，任何时代都有觊觎别人生存空间的"侵略者"，也许它们曾经也是功勋卓著的守护者，不知何时变成了人们口诛笔伐的入侵者，其中一位就是著名的互花米草。

互花米草是禾本科米草属多年生草本植物。地下部分由根状茎和须根组成。根系发达，可达100厘米深的淤泥

互花米草（李振基/摄）

中。植株茎秆坚韧、直立。叶片互生，长披针形，体内排出的盐分在叶片表面结晶成了白粉状的盐霜。圆锥花序长20～45厘米，花药成熟时纵向开裂，花粉黄色。

互花米草原产于大西洋沿岸。从高纬度的加拿大魁北克延伸到低纬度的美国佛罗里达州及墨西哥湾，均能发现互花米草；南美洲的法属圭亚那至巴西也有少量分布。但随着世界各个国家的广泛交流与活动的开展，互花米草已经从美洲逐渐扩散至欧洲、北美洲西海岸以及东南亚沿岸。20世纪70年代，我国几位教授赴美考察时发现互花米草对保滩促淤护岸、改良盐碱土壤效果很好，于是引进中国。谁曾想，互花米草到了中国沿海，在大面积没有植物生长的滨海裸滩如鱼得水，快速定居并扩繁，北上渤海湾，南下南海诸港湾。在短短数十年间，互花米草在中国沿海安居乐业。

互花米草对气候、环境的适应性和耐受能力很强，并以在河口地区的淤泥质海滩上生长最好。其高度发达的通气组织可为地下部分输送 O_2 以缓解水淹所导致的缺氧，茂密的互花米草可以减缓水的流速、阻挡风浪。互花米草在抗风防浪、促淤造陆和固碳等方面具有不可忽视的正生态效应，但它与生俱来的强势所带来的入侵性让部分生态学家和渔民忧心忡忡。

任何事物都有两面性，互花米草也不可避免。我们在接受新的事物时，不能只考虑它带来的好处和优势，还要充分思考它可能带来的危害。生态一旦遭到破坏，恢复可以说是困难重重。当某种植物的队伍越来越大，已经严重影响了地方的生态，或许是它退出历史舞台的时候，还当地一片自由的海滩。

（执笔人：黄冠、安树青）

功过难说的水草
——凤眼莲

盛夏时节，蓝色的花朵在水上亭亭玉立，绿色的叶子漂浮在水面，叶柄下部膨胀如葫芦，看着极其赏心悦目，也许"凤眼莲"让你想起了温婉的睡莲，"水葫芦"使你联想到了可爱的葫芦娃……赶紧打住！如果你知道它的威力，必定会另眼相看。

凤眼莲是雨久花科凤眼莲属浮水草本植物，高30~60厘米。须根发达。茎很短，具长匍匐枝。叶在基部丛生，莲座状排列；叶柄中部膨大成囊状，里面有许多多边形柱状细胞组成的气室；叶片圆形，光亮而厚实。穗状花序从叶柄基部的鞘状苞片腋内伸出；花被片6枚，紫蓝色，其中上方中间有亮丽的内黄外蓝紫色的花纹。花期7~10月，果期8~11月。

凤眼莲原产于南美洲亚马孙河流域，19世纪末被人引种到了世界各地，1901年落户中国。或许主要是用于水生生境造景，其花极美，跟兰花异曲同工，有6枚花被片，靠上方的花被片梳妆打扮，形如"凤眼"，所以人们叫它"凤眼莲"或"凤眼蓝"，极尽妖冶，实则行招引昆虫来帮忙传粉之功。在基因方面，巴西是凤眼莲的原产

凤眼莲（李振基/摄）

地，在向全世界引种的过程中因为路途不同，所以现在非
原产地的凤眼莲的亲缘关系并不一样。

　　凤眼莲的传播还有一个原因是作为猪饲料，如在20
世纪50～70年代，粮食短缺，凤眼莲从我国南方被推广
到了长江以北地区。那时的水域还谈不上有重金属的污
染。在家家户户养猪的年代，青草饲料是很受欢迎的，凤
眼莲、大薸、番薯（*Ipomoea batatas*）、路边的青草等
都派上了用场。有些人家直接将凤眼莲生剁喂猪，有些勤
快的人家会将凤眼莲煮熟后喂猪。也因为凤眼莲有这样的
用途，于是很多地方发动群众帮忙传播，所以现在各地都
有凤眼莲了。

　　凤眼莲整个植株都浮在水面上，完全归功于它叶柄的
奇特构造——叶柄的中间膨大成球状，像是葫芦，因此凤

眼莲又被称为"水葫芦"，剖开它可以看到密密麻麻的囊状结构，里面充满了空气，摸上去有海绵的触感。凤眼莲的须根也极为发达，从水面上往下，可以达1米以上的深度，须根从水体中恣意吸收人类馈赠的氮、磷等养分。凤眼莲的茎虽然短，但可以靠横向伸出的葡匐枝长出新植株。每年7月，凤眼莲开始进入花期，开花授粉之后，其花序跟落花生一般弯下，让果实在温度稳定的水中成熟，果实落入水中可以随流水来到更多的地方落脚。

人类施用氮肥，用含磷洗衣粉等，慷慨地给凤眼莲的生长送来了食粮，一道道大坝仿佛为了给凤眼莲遮风挡雨。在水体相对静止的极佳生境中，凤眼莲快速繁衍，且不必担心原产地的水葫芦象甲等啃食，于是悄无声息地堵塞了河道。中国国家环境保护总局2003年把它列为首批最危险的16种外来入侵物种之一。

实际上，凤眼莲不仅把河道中多余的氮、磷等吸收了，还能净化水体中的镉、铬、钴、镍、铅、汞、砷等元素，甚至能去除氰化物，对有机物含量较多的工业废水和生活污水是有较好的去除效果的。目前，人类处理问题往往倾向于追求"短平快"，不能恰当地利用凤眼莲的优点，没有及时的清理机制，没有系统利用的机制；过了临界点之后，凤眼莲繁殖就成灾了。尽管凤眼莲对人类有净化水体的功劳，但人类仍然是意欲除之而后快。

凤眼莲的问题是世界性的，有些国家试图采用生物治理，引入水葫芦象甲等天敌生物去取食凤眼莲，取得了一定的效果。但引入水葫芦象甲是否会导致新的一系列问题，不得而知；因此，未敢投放。目前，治理凤眼莲还是以打捞为主，捞上岸的凤眼莲因失水而干死。经过多年治理，我国凤眼莲的数量开始慢慢减少，许多"草原"又渐渐恢复成了清澈的水面，我们的环境保护与治理始终在往好的方向前进。

（执笔人：夏雯、安树青）

喜旱莲子草原产于巴西，早在100多年前就出现在上海附近的岛屿上；20世纪30年代在上海被日军作为马饲料栽培；到了20世纪50年代初期，在江浙一带被逐步推广为猪羊饲料，被进一步引到北京、江西、湖南、福建，逸为野生植物并广泛传播。喜旱莲子草生命力旺盛，其他水生植物和陆生植物难以与其竞争阳光与养分，其已被列入《中国第一批外来入侵生物名单》。

喜旱莲子草（吕静/摄）

喜旱莲子草又称"水花生""空心莲子草""革命草"，是苋科莲子草属的多年生草本植物。茎基部匍匐，叶片矩圆形。花密集，头状花序腋生，苞片、小苞片、花被片都白色，5~10月开花。常生在池沼、水沟内。

喜旱莲子草的繁殖能力惊人，生长速度快，田间水面被其割得四分五裂、身首异处。喜旱莲子草被放在烈阳下苟延残喘，却能借着一场雨水，劫后余生般复活蔓延。喜旱莲子草成熟的种子被动物吃了，随粪便排出来，可以萌发长出新的植株。"野火烧不尽，春风吹又生。"它真如一位坚强的战士，坚贞不屈，矢志不渝，不达目的誓不罢休。

长在农田中的喜旱莲子草会挤占农作物的生存空间；长在水中的喜旱莲子草会导致水中的溶解氧含量降低，影响鱼虾的生存环境，甚至堵塞水道，限制水流，影响水上运输，破坏水体生态。

漫步在柔美的阳光里，我们知道这阳光属于所有生物。只要暖风吹过，所有沉睡的种子都可以在土壤里生根发芽。喜旱莲子草在物资匮乏的年代曾经为我们雪中送炭，但其作为入侵植物，我们不得不采取措施。或许它们应安居在自己的天地，活出自己生命的灿烂，而不是在异国他乡被冷眼相待。

（执笔人：黄冠、安树青）

　　南方的朋友应都有一个印象：有一种植物总是在老家的池子里飘着，荷塘里最多，又都是有着极小极小的圆叶；它随着水波的荡漾或是水中鱼儿游过波动而在水面上漂来浮去；它在塘的边缘或荷叶的下面，一片一片一堆一堆地出现；它有时候看起来像小的浮萍，有时候又像荷叶。后来，我们才知道它叫大薸；在不同发育阶段，它的叶片形状也不一样，所以才会有"水浮萍""水荷莲""水白菜"的别名。

　　大薸是天南星科大薸属水生漂浮草本。大薸有着密集的羽状须根，在水中长而悬垂。大薸的叶片簇生，向四周生长成莲座状，在不同的生长阶段有着迥异的形态。其花序为肉穗花序，隐藏在叶丛中间，不容易被发现；佛焰苞淡绿色，长 0.5~1.2 厘米，苞缘有一圈毛，花期 5~11 月。

　　大薸原产于巴西，明末时期传进我国，在福建、台湾、广东、广西、云南各省份的热带区域野生，与此同时南方各省份都有引种栽培。大薸在高温多雨的地带生长良好，平静的淡水池塘、田间、路边沟渠中都有它的身影。

大薸（李振基/摄）

大薸在我国长江以南区域的稻田中是常见的杂草。

　　大薸本身营养十分丰富，由于植株含的粗纤维较少，全株可作为猪饲料。数据显示，大薸全株约含蛋白质1.25%，脂肪0.75%，含碳水化合物和淀粉9%，以及少量的矿物质和维生素，是产量高、培植容易、质地柔软、营养价值高、适口性好的猪饲料，放养大薸对于适应养猪事业的不断发展、扩展青绿饲料来源，有很重要的意义。并且，大薸能有效去除水溶液中的重金属铬，可在短时间内大幅降低废水中铬的浓度。

　　既然有诸多益处，大薸又为什么被称为"水中的疯狂杀手"呢？大薸既可以用种子繁殖，也可以用营养体繁殖。种子繁殖我们已经很熟悉了，营养体繁殖也就是利用大薸的匍匐枝繁殖。匍匐枝是一种特殊的繁殖器官，它很容易就离开母体，成为独立的大藻，然后再生匍匐枝，周而复始。据植物学家研究，一棵健康的大藻植株在没有干扰的情况下，一年时间里就会"变出"6万棵植株。

生态学上，一种植物繁殖快且没有天敌，势必会造成一定的影响。大藻亦是如此，它在一些人们无法控制的地方泛滥成灾，危害水生生态系统。目前，大藻在我国南方大部分省份造成入侵，堵塞航道，影响航运和渔业发展。

（执笔人：黄冠、安树青）

被褒贬不一的红树植物
——无瓣海桑

2021年8月，福田红树林生态公园深圳河入海口处一大片无瓣海桑被砍伐，露出了灰色的滩涂地。为什么高大的无瓣海桑被砍伐呢？

无瓣海桑是我国首个从国外引进并大面积推广种植的红树植物。1985年，我国从孟加拉国的孙德尔本斯红树林将无瓣海棠引入。它具有生长快、生产力高的特点，在红树林造林中大量推广，景观效果较好。短短几年间，在很多原本没有红树林的港湾河口，一道防护林就建立起来了，在一些区域也有效遏制了互花米草的蔓延，一度引种到了我国海南海口、三亚，广东湛江、珠海、深圳、广州、汕头，广西防城港，福建漳州、厦门等的沿海滩涂，然后扩展到了广东潮州、广西北海、香港、澳门。

无瓣海桑是一种高大红树植物，高可达20米。主干基部有笋状呼吸根，可以伸出水面。叶片狭椭圆形至披针形。聚伞花序，花萼绿色，无花瓣，花丝白色，柱头盾状。果实直径2~2.5厘米。原产于热带区域的孟加拉国、印度、缅甸、斯里兰卡等。

无瓣海桑之所以能够这么快地扩展，在于其有几大法

无瓣海桑（陈鹭真/摄）　　　　　　　　　（李振基/摄）

宝：一是其生态位宽，既可以在盐度较高的泥滩生长，也可以在对于一般的红树植物而言盐度过低的河口生长；二是其生长速度快，在适宜的生境中，每年可以长50厘米以上；三是可以通过呼吸根解决水淹问题，在海桑、海榄雌、对叶榄李（拉关木）等红树植物的主干基部和主根的交接处会横向长出缆根，并从缆根向上长出呼吸根。无瓣海桑的呼吸根粗而长，呈圆锥状，高度在30～100厘米，如同小笋一般，被称为笋状呼吸根。呼吸根的表面有皮孔，空气可以通过皮孔进入呼吸根和缆根的皮层，并被运送到地下根系。

由于具有生长迅速、生态位宽、适应性强、景观效果好等特点，其被广泛引种并应用于我国华南沿海各地区的造林。虽然在裸滩成林看似是好事，但其对滩涂水生生物的栖息或许不利，对于很多水鸟来说，减少了可以觅食的区域，也缩小了本土红树植物的扩展空间。因此，目前，我国各保护地管理部门对无瓣海桑持谨慎态度，看到无瓣海桑的苗都会及时清除。

（执笔人：陈鹭真）

来自异国他乡的湿地植物

参考文献

艾丽皎.南川柳对三峡消落带干湿交替环境的生理生态响应研究 [D].南京:南京林业大学,2013.

陈进燎,周育真,吴沙沙,等.台湾独蒜兰传粉机制和繁育系统研究 [J].森林与环境学报,2019,39(5):460-466.

陈少风,董穗穗,吴伟,等.基于ITS序列探讨荻属及其近缘植物的系统发育关系 [J].武汉植物学研究,2007,25(3):239-244.

成水平,况琪军,夏宜.香蒲、灯心草人工湿地的研究——I.净化污水的效果 [J].湖泊科学,1997,9(4):351-358.

官少飞,郎青,张本.鄱阳湖水生植被 [J].水生生物学报,1987,11(1):9-21.

郭郛.山海经注证 [M].北京:中国社会科学出版社,2004.

孔庆东,柯卫东.蒲菜 [M].北京:中国农业出版社,2010.

李松柏.台湾水生植物图鉴 [M].台中:晨星出版有限公司,2007.

梁士楚.中国湿地维管植物名录 [M].北京:科学出版社,2022.

林鹏.中国红树林生态系 [M]..北京:科学出版社,1997.

娄娟.武汉城市湿地植物景观的营造 [D].武汉:华中农业大学,2005.

罗红.沉水植物、挺水植物、滤食性动物对富营养化淡水生态系统的修复效果研究 [D].上海:华东师范大学,2009.

彭一可.湿地克隆植物扁秆荆三棱对异质性环境的适应对策 [D].北京:北京林业大学,2013.

任明迅.花内雄蕊分化及其适应意义 [J].植物生态学报,2009,33(1):222-236.

宋云澎.鸭跖草异型雄蕊的适应意义的研究 [D].长沙:中南大学,2014.

苏启陶,杜志喧,周兵,等.牯岭凤仙花及其传粉昆虫在中国的潜在分布区域分析.植物生态学报,2022,46(7):785-796.

孙瑞莲,张建,王文兴.8种挺水植物对污染水体的净化效果比较 [J].山东大学学报(理学版),2009,44(1):12-16.

王黎明,李战胜,高旭华,等.杂草稻、栽培稻及野生稻的遗传多样性比较 [J].华中农业大学学报,2012,31(3):275-280.

王帅.獐牙菜属两种植物的蜜腺形态与传粉生态 [D].武汉:武汉大学,2016.

王卫红,季民.沉水植物川蔓藻的生态学特征及其对环境变化的响应 [J].植物学通报,2006(1):98-107.

韦梅球.潮间带海草贝克喜盐草种子储存与萌发影响因素的研究 [D].南宁:广西大学,2017.

向华, 吴曼, 胡志山, 等. 世界芋头生产布局与贸易格局分析 [J]. 世界农业, 2018(10): 144-150.

谢东升, 朱文逸, 陈劲鹏, 等. 5 种华南地区水生植物对城市生活污水的净化效果 [J]. 环境工程学报, 2019(8): 6.

闫妍. 芡实对富营养化水体的生态修复研究 [D]. 长春: 吉林农业大学, 2015.

姚芳. 人工湿地候选植物对污水的净化作用及其机理研究 [D]. 杭州: 浙江大学, 2005.

于丹. 水生植物群落动态与演替的研究 [J]. 植物生态学报, 1994, 18(4): 372-378.

曾宪锋, 邱贺媛. 不同生长发育阶段莱蕨中硝酸盐、亚硝酸盐及维生素 C 的含量 [J]. 食品科学, 2004, 25(10): 262-263.

张建芳. 三棱类药用资源的药理作用和活性成分比较研究 [D]. 南京: 南京中医药大学, 2017.

张万霞, 杨庆文. 中国野生稻收集、鉴定和保存现状 [J]. 植物遗传资源学报, 2003, 4(4): 369-373.

张哲, 任明迅, 向文倩, 等. 东南亚兰科植物的物种多样性、生活习性及其传粉系统 [J]. 广西植物, 2021, 41(10): 1683-1698.

朱红莲, 杜娟, 刘正位, 等. 我国野生莼菜考察及遗传多样性研究 [J]. 植物遗传资源学报, 2020, 21(6): 1586-1595.

周元清, 李秀珍, 唐莹莹, 等. 不同处理水芹浮床对城市河道黑臭污水的脱氮效果及其机理研究 [J]. 环境科学学报, 2011, 31(10): 2192-2198.

邹红菲, 杨宇博, 吴庆明, 等. 扎龙保护区丹顶鹤孵化期食性与营养偏好 [J]. 野生动物学报, 2016, 37(2): 96-101.

FADEN R B. Floral attraction and floral hairs in the Commelinaceae[J]. Annals of the Missouri Botanical Garden, 1992, 79(1): 46-52.

LU R S, CHEN Y, ZHANG X Y, et al. Genome sequencing and transcriptome analyses provide insights into the origin and domestication of water caltrop (*Trapa* spp., Lythraceae)[J]. Plant Biotechnology Journal, 2022, 20: 761-776.

WANG Y, CHENG H Y, CHANG F, et al. Endosphere microbiome and metabolic differences between the spots and green parts of *Tricyrtis macropoda* leaves[J]. Frontiers in Microbiology, 2021, 11: 3217-3217.

TIMERMAN D, BARRETT, S C H. Divergent selection on the biomechanical properties of stamens under wind and insect pollination[J]. Proceedings Royal Society B, 2018, 285: 2251.

参考文献

287

Abstract

This book *Wetland Plants* introduces the representative wetland plants selected carefully from various wetlands and wetland habitats in China in the form of illustrations and texts.

In the form of the pictures and texts, this book introduces the interesting representative wetland plants selected carefully from various wetlands and habitats in China.

Wetland plants are plants that grow in wetland habitats, including but not limited to aquatic plants, and wet plants in terrestrial plants. Most wetland plants live in perennial stable water bodies, while some habitats are seasonally dry. Therefore, wetland plants have unique morphological characteristics. Wetland plants are everywhere, however, the public may not be familiar with them, so we introduced where to see them purposely. The wetland plants have provided habitat and food for abundant wild animals such as white cranes, sika deers and bees. The relationship between wetland plants and human beings is displayed in food, vegetables, medicinal materials as well as water purification, landscape construction, *etc*.

According to the habitats of the wetland plants, the aquatic plants growing in lakes, rivers, paddy fields, swamps and coastal zones and the wet plants growing on lands were introduced respectively. *Phragmites australis*, *Miscanthus lutarioriparius*, *Polygonum criopolitanum*, *Ottelia acuminata* and *Batrachium bungei*, which were widely distributed in lakes such as Poyang Lake, Dongting Lake and Hongze Lake, were selected as the representatives distributed mainly in the lakes. The species of *Acorus gramineus*, *Cladopus chinensis*, *Pterocarya stenoptera*, *Potamogeton distinctus*,

Vallisneria spp., *Cryptocoryne crispatula*, *Hydrilla verticillata*, *Ludwigia adscendens* and so on that distributed in the different river sections of Yangtze River, Yellow River, Pearl River, Huaihe River, Minjiang River, Qiantangjiang River, Tingjiang River, Yongjiang River and other river basins, were introduced as representatives. *Nelumbo nucifera*, *Sagittaria trifolia*, *Euryale ferox*, *Zizania latifolia*, *Marsilea quadrifolia*, *Azolla pinnata* subsp. *asiatica* and so on that were planted or wild in paddy fields and pond habitats were selected as representatives *to introduce*. *Oryza rufipogon*, *Alisma plantago-aquatica*, *Nymphaea tetragona*, *Hippuris vulgaris*, *Carex meyeriana*, *Bolboschoenus yagara*, *Juncus effusus*, *Glyptostrobus pensilis*, *Metoseguoia glyptostroboides*, *Alnus trabeculosa* and so on that came from Sanjiangyuan National Park, Ruoergai Plateau, Sanjiang Plain, Dajiuhu Lake, Donghaiyang Lake were selected as representatives *to introduce*. *Rhizophora apiculata*, *Kandelia obovata*, *Barringtonia racemosa*, *Hibiscus hamabo*, *Typha angustifolia*, *Cyperus malaccensis* subsp. *monophyllus*, *Suaeda glauca*, *Halophila ovalis*, *Laminaria japonica*, and *Porphyra* spp. in Qinglan Port, Dongzhai Port, Zhangjiang Estuary, Taipei, Jiaozhou Bay and other places were selected as representatives of coastal wetland plants, respectively.

Besides, wet plants are widely distributed, and their general characteristics are similar, which require relatively shady and humid habitats. Generally, they are located on the riverbank or on the cliff with abundant water supply in the growing season. We selected *Colocasia esculenta*,

Impatiens davidii, *Begonia grandis* subsp. *sinensis*, *Commelina communis*, *Chamerion angustifolium*, and other species as the representatives of wet plants to be introduced. With the needs of wetland ecological restoration, urban wetland landscape construction, rural sewage treatment pool, courtyard waterscape construction, *etc.*, we selected *Echinodorus amazonicus*, *Blyxa aubertii*, *Ceratophyllum demersum*, *Myriophyllum aquaticum*, *Schoenoplectus triqueter*, *Cyperus papyrus* and other wetland plants that can be applied to these projects to introduce. Meanwhile, alien species is also one of the problems in the wetland. After the introduction of some species, they flooded into disasters, silted up the river, affected the growth of local plants, and became disadvantageous for wild animals to inhabit. *Spartina alterniflora*, *Eichhornia crassipes*, *Pistia stratiotes*, *Alternanthera philoxeroides*, and *Sonneratia apetala* were selected for introduction.

We introduces the wetland plants from the perspective of co-evolution, ecological application, or history and culture. When introducing these wetland plants, some plants of the same genus also has been introduced. While introducing these wetland plants, we attached panoramic photos or close-up photos.

Thanks to Lin Qinwen, Liu Jinan, Zhao Tiezhu, Chen Zhu and others for their great support in the compilation process.

Due to our limited understanding of wetland plants distributed throughout the country is not comprehensive enough, and his data collection and excavation are not enough, so mistakes are inevitable. Please comment and correct.